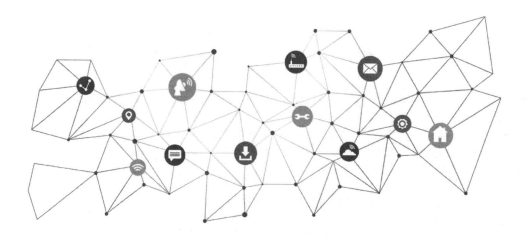

人工智能革命
开启超级智能新时代

高　峰　刘艳军　罗代忠◎著

電子工業出版社

Publishing House of Electronics Industry

北京·BEIJING

内 容 简 介

人工智能时代已经来临。这项技术正在改变人类的认知和行为习惯，也对很多领域和行业造成了影响。本书共 3 篇：认知篇介绍了人工智能的理论知识与发展现状，详细讲述人工智能与 5G、物联网、区块链等技术的融合；价值篇主要讲述了人工智能的价值，分析其为生活、社会、商业、医疗带来的变革；场景篇从服务场景、工作场景、教育场景、营销场景入手介绍人工智能的应用，为读者提供应用指导。

如今，人工智能已成为不可逆转的趋势。本书向读者阐述与之相关的知识，并且告诉读者应该如何跟上潮流。总之，本书是一本不可多得的实战书，不仅具备很强的可操作性，还具备一定的前沿性，是读者提升技术能力的必备工具。

未经许可，不得以任何方式复制或抄袭本书之部分或全部内容。
版权所有，侵权必究。

图书在版编目（CIP）数据

人工智能革命：开启超级智能新时代 / 高峰，刘艳军，罗代忠著. —北京：电子工业出版社，2022.9

ISBN 978-7-121-44183-7

I. ①人… II. ①高… ②刘… ③罗… III. ①人工智能 IV. ①TP18

中国版本图书馆 CIP 数据核字（2022）第 153219 号

责任编辑：刘志红（lzhmails@phei.com.cn）
印　　刷：三河市鑫金马印装有限公司
装　　订：三河市鑫金马印装有限公司
出版发行：电子工业出版社
　　　　　北京市海淀区万寿路 173 信箱　邮编　100036
开　　本：720×1 000　1/16　印张：12.25　字数：196 千字
版　　次：2022 年 9 月第 1 版
印　　次：2022 年 9 月第 1 次印刷
定　　价：89.00 元

凡所购买电子工业出版社图书有缺损问题，请向购买书店调换。若书店售缺，请与本社发行部联系，联系及邮购电话：（010）88254888，88258888。

质量投诉请发邮件至 zlts@phei.com.cn，盗版侵权举报请发邮件至 dbqq@phei.com.cn。

本书咨询联系方式：（010）88254479，lzhmails@phei.com.cn。

PREFACE

人工智能（Artificial Intelligence，AI）是计算机学科的分支，曾经被称为世界三大尖端技术之一。近几年，人工智能技术迅猛发展，在很多行业和领域都获得了广泛应用，取得了非常不错的成果，并自成系统，逐渐演变为一个独立的分支。

在新一轮革命中，人工智能也扮演着非常重要的角色，对整个社会产生了深刻影响，并推动着各行各业向智能化和数字化的方向加速迈进。

不得不承认，人工智能超乎想象，很多人可能会因为对人工智能不了解而产生恐慌心理，可能会因为对人工智能过度迷恋而遭受损失，也可能会因为心里憧憬着人工智能的大范围应用而冲动。身处人工智能的时代潮流中，我们必须"强身健体"，不断提升能力。

本书从全局角度，审视人工智能的过去、现在、未来，罗列人工智能对各领域和行业的作用。与同类书相比，本书内容全面、干货多、逻辑清晰，而且有很多经典的代表性案例，可操作性强。笔者对人工智能有深入了解，将与之相关的知识——拆解，为读者奉上一顿美味、有营养、易消化的"大餐"。

在语言上，本书具有通俗、易懂、简练的语言风格，希望读者阅读起来能够更流畅，从而获得更优质的阅读体验。此外，本书秉持"纸上得来终觉浅，绝知此事要躬行"的原则，在介绍知识的同时，辅之以已经成功的实践经验，帮助读者真正将人工智能知识收入囊中。

本书的阅读对象是"兼容"的，零基础新手、刚刚入门的，人工智能专家、公司管理者、对人工智能感兴趣的群体都可以从中获益，能够更深入地了解人工智能，感受人工智能的魅力。也许在很多读者心中，人工智能不是很引人注目，本书希望读者能够明白人工智能其实是一项非常有魅力的技术。

相信通过本书，读者可以突破思维定式，并愿意主动去了解人工智能，甚至改变自己的朋友对人工智能的想法。此外，在阅读本书后，笔者希望读者真正知道人工智能是什么、人工智能究竟可以帮助我们做什么，以及人工智能是如何改变和影响整个世界的。

英国作家查尔斯·狄更斯曾经说过："这是好的时代，这是坏的时代。"无论如何，我们都要牢牢把握人工智能时代，携手打造人工智能的美好未来。

笔者非常感谢在本书写作过程中给予帮助的人，感谢对本书提出宝贵意见的人，感谢在专业知识方面为本书提供建议的人。同时，笔者也要感谢家人和朋友的支持。

由于时间和水平所限，本书可能不尽如人意，若有错漏之处，希望大家批评指正。

作　者
2022 年 5 月

CONTENTS

认知篇　人工智能背后的真相

目　录

场景篇　人工智能的实战应用

认 知 篇

人工智能背后的真相

·第 **1** 章·

人工智能：一项具有颠覆性的技术

新一代人工智能正在全球范围内蓬勃发展，其创新与突破对很多行业和领域产生了颠覆性变革。我们需要抓住人工智能的发展机遇，感受人工智能的魅力，推动人工智能造福人类。

1.1 先行了解：人工智能的发展现状

作为当前时代的浪潮和重要风口，人工智能市场蕴含着新的机会和巨大的潜力。商业巨头自然不会错过这次机会，竞相向人工智能领域进军，致力于人工智能研发、落地应用探索和融资，人工智能市场可谓是呈现了火热发展的态势。在技术层面，深度学习算法成为热点；在应用层面，融合人工智能的智能机器人纷纷涌现；在融资层面，获得融资的人工智能公司越来越多，单笔融资金额也越来越大。

1.1.1 技术层面：计算机视觉是当下的热点

人工智能发展离不开深度学习的支撑，而计算机视觉又与深度学习有着密不可分的关系。通过深度学习算法的训练和学习，计算机能够更加准确地检测出图片里的目标，实现精准的视觉识别，从而帮助人们高效地进行图片检索和筛选。

李飞飞一直致力于计算机视觉的研究。起初，李飞飞与团队成员用数学的语言帮助计算机"理解"图片。例如，他们通过数学建模的方法，告诉计算机，猫有着圆圆的脸庞、胖胖的身子、两个尖尖的耳朵，还有一条尾巴。由于这样的描述过于共性化，计算机仍然不能识别出猫与狗的差别。另外，如果小猫换了一个卧着的姿态，计算机也不能识别出来；如果有一只小狗在追逐小猫，计算机视觉就更容易混淆这两种动物。

可是，对于 2 岁到 3 岁的儿童来讲，他们都能够很好地区分这两种动物，也容易记住很多其他动物。经过仔细地分析，李飞飞团队认为，视觉能力的提升离不开海量的训练数据。因为，儿童的视觉能力也是父母和周围的其他人不断训练的结果。

于是，李飞飞团队开始与普林斯顿大学的李凯教授合作，进行 ImageNet 项目的开发。为了使 ImageNet 项目达到良好的效果，团队成员从 Internet 上下载了上亿幅多元图片。同时，他们又用了 3 年的时间对图片进行加工处理。在这 3 年里，他们一共邀请了来自 167 个国家的 5 万名工作者，进行互联网图片的筛选、排序和标注。经过周密的部署与数据统计，他们将这些海量的数据分为 22 000 个图片类别，建成了一个超级图片数据分析库。

在这之后，李飞飞与她的科研团队，又重新利用算法优化处理这些海量的图片数据资源。最终，ImageNet 智能图像分析平台终于能够精准地识别出物体。

李飞飞还成功地推出了 ImageNet 国际挑战赛，让人们对计算机视觉产生了深刻的印象。

ImageNet 图像识别数据库是计算机视觉的根基。如今，许多设备都具有图像识别的功能。例如，百度网盘具有强大的图片识别功能，可以智能地将用户上传的图片进行分类整理。用户在使用产品时，也会倍感轻松。另外，智能手机的"刷脸解锁"功能、无人超市的"刷脸支付"功能，都是计算机视觉的典型应用，方便了人们的生活，为生活添加了趣味。

1.1.2 应用层面：智能机器人占主导

在人工智能领域，智能机器人是应用计算机视觉技术最早的，也是最广泛的领域。智能机器人装有传感器装置，能够收集到现实世界的光、温度、声音和距离等数据。随着数据的不断积累，智能机器人能够越来越多地执行人类给出的任务。

由于拥有高效的处理器、多项传感装置与强大的深度学习能力，智能机器人在处理任务的过程中，可以从简单、烦琐的工作中吸取经验来适应新环境，在不断学习中提升自己的能力，最终能够适应更复杂、更具难度的工作。

基于这一能力，人工智能拥有广阔的应用前景，各大互联网公司也纷纷入局，以技术研发、智能机器人设计等为切入点，推动人工智能在更多领域的应用。微软公司就看到了人工智能的闪光点，投入了大量资金在这一领域进行深入探索。

人工智能的商业化发展，将更高效地帮助人类更优质地完成工作，让人类拥有更多的精力来专注于更高价值的任务。微软公司看到了人工智能的闪光点，在人工智能领域投入越来越多的资金去做更深入的探索。

1.1.3 融资层面：单笔金额逐渐增大

人工智能已经成为新的资本风口，众多人工智能公司都获得了资本的青睐。其中，比较典型的就是商汤科技。

商汤科技是我国在深度学习领域中技术强劲的公司，它聚集了深度学习领域，特别是计算机视觉领域内的诸多权威专家。商汤科技在人工智能领域有很高的权威性。例如，在人脸识别、图像识别、无人驾驶、视频分析及医疗影像等识别领域，商汤科技都有很大的话语权。而且这些先进技术基本上都在市场上得到了应用，市场占有率较高。

良好的发展势头自然也吸引了资本的注意。2017 年 7 月，商汤科技成功融资 4.1 亿美元，创下当时的全球人工智能领域最高融资额纪录。

而发展到如今，人工智能领域的投资热潮依然不减。2020 年年末，人工智能平台与技术服务提供商第四范式获得了 7 亿美元的 D 轮融资，是 2020 年我国人工智能领域单笔额度最大的一笔融资。融资之后，第四范式将会加速重点产业布局，培养人工智能尖端产业人才。

从商汤科技的 4.1 亿美元，到第四范式的 7 亿美元，人工智能领域的单笔融资金额正在不断增大。而这也反映了人工智能融资市场的趋势，虽然每家公司的融资金额有多有少，但整体来看，人工智能领域呈现出单笔融资金额不断增大的趋势。

1.2 人工智能标签：泡沫 VS 价值

对于人工智能而言，神经网络算法是它的引擎，能够提升其智能性，而从人工智能的价值来看，无论是"弱"人工智能，还是"强"人工智能，都会极大地改变人们的工作和生活，为人们提供巨大的价值。

1.2.1 泡沫：神经网络算法的"三起三落"

神经网络算法是一种更智能的算法。它能够让计算机模拟人脑进行相关的计算与分析，全面提升人工智能的自主学习能力，进行合理的推理，同时还具备超强的记忆能力。神经网络算法无疑是深度学习算法的引擎。

神经网络算法的研究是基于一次偶然、跨学科的产物。罗森·布拉特教授是第一个把神经网络算法应用到人工智能领域的科学家。他虽然是康奈尔大学的一位心理学教授，但是他对计算机也有着深入的研究。

1958 年，罗森·布拉特教授成功地制作出第一台电子感知机。因为这台电子感知机能够识别简单的字母和图像，所以在社会上引起了强烈的反响。另外，当时的一些专家还预测到，在未来，计算机会有更强大的智能行为。他们的这些预言，目前基本上已经实现。

整体来看，分布式表征思想是神经网络算法的一个核心思想。因为大脑对事物的理解并不是单一的，而是分布式的、全方位的。而且神经网络算法的结构非常多元，这里以最常见的 5 种结构为例进行简单说明，如图 1-1 所示。

单层前向网络结构与多层前向网络结构的差别在于层级数量的差别。多层前向网络结构包含更多的"神经元"隐含层。在人工智能领域，神经网络算法隐含层的层数，能够直接决定它对数据的描摹刻画能力。如果"隐含层"的层级越多，那么它的智能程度也就越高。所以，多层前向网络结构会比单层前向网络结构的分析能力与计算能力强很多。

但是，多层前向神经网络结构的运行效率会更低。因为它的层数越多，运行时间就会越长，对运行时所需要的计算能力的要求也就会越高。为了增加多层前向神经网络结构的运行速度，提升运行效率，许多科研机构都会研发更高效的GPU 系统来维护。

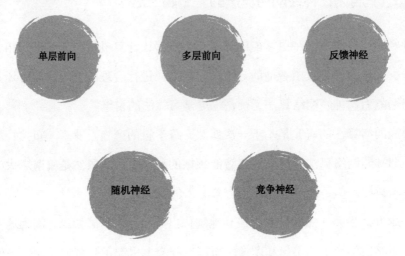

图 1-1　神经网络算法的 5 种结构

　　反馈神经网络结构能够及时对用户的数据进行反馈，或者经智能分析刚刚优化处理后的数据，不断地循环往复，最终向用户输出精准的数据。这类似于一个自净系统，总是能够智能排除系统内的"有害数据"，保持系统的健康运行。

　　随机神经网络结构类似于大脑的联想能力，能够根据捕捉到的相关信息，进行合理的推理与联想，最终为用户提供全面的数据信息。它的典型案例就是知识图谱技术。例如，当我们在百度中键入自己想要搜索的内容后，百度就会根据关键词展开拓展，为我们提供全面的信息。

　　竞争神经网络结构遵从"物竞天择，适者生存"这一自然法则。竞争神经网络结构对数据是极其挑剔的，在对复杂的数据进行智能分析时，对于无用的数据会直接过滤掉，只保留对用户最有价值的数据。

　　如今，神经网络算法又向前迈了一大步，不仅能够使机器具备"自主思维"

能力，而且还能够使其拥有"抽象概括"能力。科学的发展是无止境的，相关的人工智能科学家也正在再攀高峰，使机器更加智能，使我们的生活更加美好。

1.2.2 价值：弱 AI 不弱，强 AI 难强

人工智能共有 3 种形态：弱 AI 形态、强 AI 形态、超 AI 形态，如图 1-2 所示。目前，科研人员在弱 AI 方面已经取得了成果，但在其他方面的研究依然存在极大的发展空间。

图 1-2　人工智能的 3 种形态

1．弱 AI

由于弱 AI 只能进行某一项特定的工作，因此弱 AI 也被称为应用 AI。弱 AI 没有自主意识，也不具备逻辑推理能力，只能够根据预设好的程序完成任务。例如，苹果公司研发的 Siri 就是弱 AI 的代表，只能通过预设程序完成有限的操作，并不具备任何的自我意识。

2．强 AI

理论上来说，强 AI 指的是有自主意识、能够独立思考的近似人类的人工智能，主要具有以下几种能力。

（1）独立思考能力，能够解决预设程序之外的突发问题。

（2）学习能力，能够进行自主学习和智慧进化。

（3）自主意识，对于事物能够做出主观判断。

（4）逻辑思考和交流能力，能够与人类进行正常交流。

强 AI 的研发将会是科研人员的长久课题，给生活带来的影响也会更深刻。

3. 超 AI

超 AI 在各方面的表现都将远超强 AI。超 AI 具有复合能力，在语言、运动、知觉、社交及创造力方面都会有出色的表现。

超 AI 是在人类智慧的基础上进行升级进化的超级智能。相比于强 AI，超 AI 不仅拥有自主意识和逻辑思考的能力，而且能够在学习中不断提升自身的智能水平。

不过，对于人工智能的研究，现在还处于弱 AI 向强 AI 的过渡阶段。而在强 AI 的研究中，科研人员依旧面临着诸多挑战：一方面，强 AI 的智慧模拟无法达到人类大脑的精密性和复杂性；另一方面，强 AI 的自主意识研究也是需要攻克的难题。

虽然从弱 AI 向强 AI 之间的转化还有很长的路要走，但可以预见的是，人工智能今后将沿云端 AI、情感 AI 等方向发展。

云计算和人工智能的结合可以将大量的人工智能运算成本转入云平台，不仅能有效地降低人工智能的运行成本，而且也能让更多人享受到人工智能带来的便利。情感 AI 可以通过对人类表情、语气和情感变化的模拟，更好地对人类的情感进行认识、理解和引导。这在未来势必会成为人类的虚拟助手。

如今，弱 AI 已经足够辅助人们进行一些工作。随着人工智能的不断进化，未来，强 AI，甚至超 AI 能够更深刻地改变和影响人们的生活，为人类提供不一样的价值。

1.3 关于人工智能，不可不知的3大问题

在探讨人工智能时，人们对它有多方面的疑问。例如，现在是人工智能的"黄金"时代吗？如何看待人工智能威胁论？深度学习是"深"，还是"浅"？等等。对于这些问题的思考，能够加深人们对于人工智能的理解。

1.3.1 现在是人工智能的"黄金"时代吗

最近几年，人工智能公司的估值一直在持续增长。招商银行在入局人工智能领域挑选项目时，发现有些公司的估值已经高到让人无法接受。而这就会导致人工智能市场泡沫的产生。虽然目前我国资本状态逐渐稳定，但人工智能仍在萌芽阶段。

现阶段的互联网等科学技术已经成熟、完备，人工智能到来也势不可当。人们需要找到真正解决问题的、真正给现代商业模式带来颠覆的人工智能。据行业有关人士分析，市场上的任何一个新兴产业，都有从诞生到爆发的突破点，而泡沫可能就是作为突破点的存在。就人工智能对传统公司赋能而言，我们正在经历其中的第三个高潮。这个高潮有可能是其发展路程上的突破点，但在突破的过程中一定会有人工智能泡沫的出现。

在资本市场，泡沫是永远存在的。要想成功入局人工智能，投资者要看到被投公司的发展潜力，明晰其发展的阶段点是否有泡沫。只有将其人工智能领域的泡沫尽量减少后，才能将真正优质的公司推上市场舞台。没有被挤掉的公司，才算得上是刚需，他们才能真正地为产业、社会创造有利价值。况且，有价值的公司，其独特的商业模式一定会从平台、技术、组织框架、产品等一步

步发展起来。

我国科技经过了 20 年的发展，经历了从个人计算机，也就是 PC 互联网到移动通信的突破，现在正在进行新一轮的科技变革——智能互联网。智能互联网给各个产业的生产力带来跃迁式提升。同时，人工智能还应该形成一个庞大的产业链，发展出人工智能适合的应用场景。

总体来说，人工智能泡沫会存在，但它的出现不是坏事。当资本市场在清理人工智能泡沫时，科技的发展也在慢慢摸索与进步。所以，加速发展人工智能，赋能传统产业，能让人们切身感受到人工智能产业带来的美好与便捷。

1.3.2 如何看待人工智能威胁论

人工智能时代正在到来，并在越来越多的领域显示出比人类更强大的能力。随着知名媒体人杨澜所著的《人工智能真的来了》新书上市，引发了人们对人工智能是否真的会超越人类这一问题的思考。实际上，对于人工智能超越人类的担忧，可以从两方面来解决：一是科技和人类的关系；二是人工智能的本质特点。

一方面，从科技和人类的关系来看，自人类出现以来，追求科技的步伐从未停止。从远古时期的石器到现在的智能手机，每种工具都拥有人类自身无法超越的地方。但人类并未被工具打败，而是充分利用工具推动人类历史的发展。人类和高科技一直都处于各司其职的平衡状态，共同推动社会的进步，人工智能自然也不例外。

另一方面，人工智能的本质特点是对人类思维信息过程的模拟。即使人工智能在某些方面超过人类的生物极限，也无法取代人类的大脑完成和人类一样的意识过程。换句话说，人工智能是思维模拟，而非具有思维本身。因此，因为人工智能模拟人类思维就认为其可以超过人脑思维是不科学的。

人工智能究竟是因为什么而无法超越人类智慧呢？其核心就在于人类具有感性思维。例如，面对泰山，人类除了惊叹大自然的鬼斧神工，还会激发出"一览众山小"的豪情壮志。而人工智能也许在描述景色时的文字运用能力不逊于人类，但其无法感知景色带给人类在感情上的激荡，也并不了解自身写出的文字有什么样的价值和意义，只是根据算法写出文字而已。

算法足够精妙，学习的轮数足够多，人工智能的能力就可能超过人类，但这些学习和模仿都是基于逻辑上的模仿，不具有人类自身的感性思维。人类和人工智能具有本质的差异，不必因为人工智能的出色表现而出现"东风与西风"的矛盾。

人工智能是充分模仿人类行为出现的科技产物。人工智能表现出超凡的实力时也带来人类的恐慌。但人们只要明白人工智能在本质上还是人类创造出的另一类工具，与人类自身存在本质差距，更不能超越人类的智慧，这些恐慌自然而然就会消失。

1.3.3 深度学习是"深"还是"浅"

深度学习的概念由深度学习之父杰弗里·辛顿（Geoffrey Hinton）等人提出。当时，研究人员普遍希望找到一种方式让计算机能够实现"机器学习"，即用算法自主解析数据，不断学习数据，对外界的事物和指令有所总结和判断。实践结果表明，深度学习算法是实现"机器学习"目的的方法。

在实现"机器学习"这一目的时，研究人员不必考虑所有的情况，也不用编写具体的解决问题的算法，而是在深度学习算法的支持下，通过大量的实践和数据资料"训练"机器，使机器在面对某些情况时可以自主判断和决策后，完成任务。

深度学习、机器学习、数据挖掘和人工智能四者之间的关系，如图1-3所示。

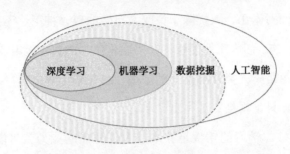

图1-3 深度学习、机器学习、数据挖掘和人工智能四者的关系

深度学习概念中的"深度"二字是对程度的形容，是相对之前的机器学习算法而言的。深度学习算法在运算层次上更加有逻辑力和分析能力，更加智能化。

深度学习是神经网络算法的继承和发展。传统的神经网络算法包含输入层、隐藏层、输出层（见图1-4），是一个非常简单的计算模型。

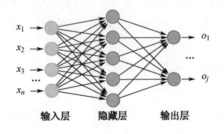

图1-4 传统神经网络算法的结构

深度神经网络有多层隐藏层，如图1-5所示。以深度神经网络为基础的深度学习算法中的"深"，是指算法使用的层数深化。

通常情况下，深度学习算法中的"隐藏层"至少有7层。"隐藏层"层数越多，算法刻画现实的能力就越强，最终得出的结果与实际情况就越符合，计算机的智能程度也就越高。

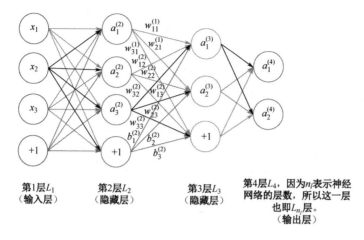

第1层 L_1
（输入层）

第2层 L_2
（隐藏层）

第3层 L_3
（隐藏层）

第4层 L_4，因为 n_l 表示神经
网络的层数，所以这一层
也即 L_{n_l} 层。
（输出层）

图1-5　深度学习算法包含多层"隐藏层"

拥有深度学习的加持，人工智能在更广阔范围内得到了应用，同时也实现了
应用升级。另外，通过深度学习，计算机能够将任务分拆，可以和各种类型的机
器结合完成多种任务。拥有深度学习的帮助，人工智能终于实现根据相关条件进
行"自主思考"的目标，完成研究者期待已久的研究任务。

·第2章·

群雄争霸：基于人工智能的激励竞赛

人工智能作为新一轮变革的核心力量，会对经济活动产生深刻影响，并催生一批新业务、新模式、新产品。现在这项技术已经成为资本竞争的焦点，各大公司摩拳擦掌，希望率先抢占商机，以提升自己在市场上的地位和影响力。

2.1 巨头角逐，资本市场风起云涌

在人工智能的研究和实践方面，互联网行业巨头始终扮演着开拓者的角色。这也意味着，人工智能离学术这座象牙塔越来越远，离商业化越来越近。

人工智能的发展是新时代的浪潮与风口，商业巨头也不会错过如此良好的机遇。一直以来，他们都争相向该领域进军，为实现智能产品的商业化落地、收割人工智能下的红利而努力。下面我们将以几大互联网巨头为例，分析他们是如何将其计划与理想变为现实的。

2.1.1 Meta：通过合作弥补自身短板

在人工智能发展领域，Meta（2021 年 10 月，Facebook 更名为 Meta）在图像识别方面取得的成绩非凡。目前，Meta 开发出了 3 款人工智能图像分割软件，分别是 DeepMask、SharpMask 和 MultiPathNet。这 3 款软件相互配合可完成图像识别分割处理技术：首先，图像被输入 DeepMask 分割工具；其次，被分割的图像通过 SharpMask 图像工具进行优化、精炼；最后，通过 MultiPathNet 工具进行图像分类。

高端的智能图像分割技术不仅能够精准识别图片或视频中的人物、地点、目标实体，甚至能够判断它们在图像中的具体位置。为此，Meta 还使用了人工智能中的深度学习技术——利用大量的数据来训练人工神经网络，不断提高该流程对数据处理的准确性。

深度学习是全球互联网巨头竞争激烈的技术阵地，无论是谷歌、微软，还是百度、腾讯等，都投入重金，在该领域的竞技场上展开激烈角逐。但 Meta 在推出图像分割软件工具之前，就一直是人工智能的积极倡导者，同样，也在 Torch 上研发过很多功能强大的深度学习工具。

Meta 的开发团队提到，图像分割技术对于社交软件的改进意义重大。例如，平台若能够自动识别图片中的实物，将能极大提高图片搜索的准确率。

Meta 人工智能实验室的科学家 Piotr Dollár 还表示，他们团队将要实现的下一个目标是视频识别。在视频识别领域，Meta 已经取得一些成绩，基于深度学习技术，用户能够在查看视频的同时，理解并区分视频中的物体，例如动物或食物。此项技术对视频中实物的区分功能可大大提高，平台也会基于此提高推荐视频内容的准确性。

2.1.2 微软：为人工智能增添"情感"

人工智能的商业化发展，将让人类拥有更多精力专注于更高价值的任务。所以，微软也看到了人工智能的闪光点，在人工智能领域，投入了更多的资金进行深入探索。

微软利用领先的人工智能，从教育、社交、医疗与环境等维度打造智能机器人，帮助社会各行业的智能化改革升级，推动人类社会的可持续发展。以此次新冠肺炎疫情为例，此前，多项数据表明，COVID-19 康复者的血液中存在着可能会治愈该疾病的某些单体量抗体。该消息一经发布就引起了全球医疗团体的关注。但不幸的是，该抗体在康复者的血浆较中数量较少，较难获取。这也成为全球卫生事业突破此次疫情的瓶颈之一。

为此，微软公司特地推出了一款被称为"plasmabot"的血浆机器人（见图2-1）。微软发布消息称，他们正在与一个大型制药公司合作，招募那些在此次疫情中顺利康复的人来捐献他们的血浆。

图 2-1　血浆机器人

但微软推出的血浆机器人并不是用来生产或创造血浆，而是一款人工智能"聊天"机器人。它的能力在于可以引导康复者回答一系列问题，以确定他们是否满足捐献血浆的条件。一旦确定该康复者可以献血，plasmabot 还将在第一时间提供有关献血的信息，并将他们引导到最近的献血地点进行安全捐赠。

当患者处在康复期，血浆中会产生抗体来抵御引起疾病的抗原——也就是病毒，并且这些抗体会在血液中停留几个月。在全球医疗事业中，使用康复者血浆中的抗体作为治疗用药已经是一种通用手段了。对此，美国食品和药物管理局正在将其作为一种研究产品进行管理。

目前，微软正在通过软件、网站、搜索引擎和社交媒体等渠道来推广血浆机器人。血浆机器人也是微软在智能产品制造方面为人类社会做出的贡献。

2.1.3 华为：大力发展智能 IoT 业务

OceanConnect 是华为推出的一个 IoT 生态圈，以 IoT 连接管理平台为基础，通过开放 API（应用程序接口）和系列化 Agent（分布式的人工智能）将上下游产品融合在一起，为用户提供车联网、智能抄表、智慧家庭等端到端的行业应用。

对于 OceanConnect，华为提出了"1+2+1"策略，即 1 个开源物联网操作系统，2 种连接方式（有线连接与无线连接），1 个物联网平台。作为华为技术布局过程中的一个重要环节，OceanConnect 具有非常重要的价值，如图 2-2 所示。

图 2-2　OceanConnect 的价值

1. 接入无关

接入无关是指 OceanConnect 支持任意设备和任意网络的接入，不仅进一步简化了各类终端厂家的开发，还可以让用户聚焦于自己的核心业务。如今，为了充分满足开发需求，OceanConnect 已经推出了近 200 个开放 API，同时还致力于帮助终端厂家实现安全连接。系列化 Agent 为设备和网络的接入提供了坚实保障。

2. 大数据分析与实时智能

OceanConnect 不仅可以对云端平台、边缘网关、智能终端进行自动化、分层次地控制，还可以提供智能分析工具，如规则引擎等。另外，作为技术创新的突出贡献者，华为一直坚定不移地支持主流国际标准的制定与推行。因此，OceanConnect 可以在全球范围内应用。

3. 极强的开放能力

OceanConnect 有 3 层开放能力。首先，应用层的开放主要面向程序开发者，为其提供开发使能套件；其次，平台层的开放主要面向集成开发者，为其提供业务安排和设备管理等服务；最后，设备层的开放主要面向终端开发者，为其提供系列化 Agent 及设备开发工具。

目前，华为的 OceanConnect 涉及多种生态，例如，水平生态、车联网生态、第三方云互通生态等。在这些生态的助力下，OceanConnect 可以满足各类开发需求，而华为也能够借此提升自己的技术实力和市场地位。

2.1.4 Google：人工智能的坚定追随者

自从 Google（谷歌）发布了"人工智能先行"战略后，其走人工智能的道路就愈发坚定。至今，谷歌公司前后推出了谷歌助理、手机、耳机和智能音箱等多款智能产品，构建自有的人工智能生态体系。并且，在特斯拉等公司不断发出人工智能威胁论的大环境下，谷歌依然专注于该技术的全新算法与应用，利用前沿的科技来解决实际生活中的问题。

下面将分析谷歌在人工智能领域的发展理念。

1．人工智能+软件+硬件

目前，谷歌想要构建的就是生态体系。其中，重要的一点就是要让其中各成分进行有机融合。为此，谷歌在人工智能领域是将软件与硬件结合发展的。

在软件方面，例如，谷歌云端相片集，就利用图像识别技术，将用户照片自动分类；谷歌地图可以通过道路、街景的数据采集更多相关地区的详细数据；谷歌邮箱在收到邮件之后，智能系统会给用户提供回复建议；YouTube 则是通过机器学习来给视频自动加上字幕；谷歌翻译可以利用神经网络进行机器翻译等。

在硬件方面，谷歌前后发布了很多硬件产品，包括智能音箱、智能笔记本、智能手机、Google Pixel Buds 耳机等。这些新型硬件同样凸显了谷歌在人工智能领域从软件向硬件领域进军的野心。

2．专注现实问题的研究

深度学习也是谷歌在人工智能领域的研究重心之一。谷歌认为，编写能使机器自主学习更加智能的程序，要比直接编写智能程序进步更快。但是，随着人工智能的深入发展，人们始终担忧计算机取代人类，甚至导致英国著名物理学家霍金都对人工智能发出警告。

但谷歌始终认为，这种担忧在目前阶段是没有必要的。他们认为，人类应该着眼于解决眼前的问题。这也是谷歌在人工智能领域的三大目标之一——解决人类面临的重大挑战。

目前，谷歌正在利用人工智能与深度学习来解决如医疗保健能源、环境保护等问题。例如，谷歌医疗团队与世界各国的医院合作开发一种工具，它可以通过深度学习来帮助医生诊断糖尿病所引起的眼部疾病等。

3. 不担心竞争对手，在中国广纳贤才

目前，全球有很多国家与公司都对深度学习感兴趣，但发展人工智能，无论对于国家还是公司来说，都需要分阶段、务实地进行研究，建立生态系统。因此，在世界范围内，一些政府和公司都在招揽相关人才，这也直接带来了人才储备的竞争。在人才储备方面，谷歌并不担心竞争对手，只关心自己的研究，并还将继续在上海、北京招聘人工智能相关人才。

同时，社会上还会出现一个与人工智能有关的、新的、有趣的行业，人们也会有新的工作。目前，虽然人们可能想象不到会有什么行业出现，但在 10 年前，也没有人能够想到社交媒体的出现。所以，人类应期待人工智能所带来的惊喜。

2.2 双"人"博弈：人工智能 VS 人类

随着人类对人工智能的深入研究，全球的科技与产业也进入了新时代。在研究与发展的过程中，人工智能对人类的特殊价值也逐渐体现出来：首先，最基础的价值就是可以代替人类完成重复性工作；其次，高性能、高效率的特点可以给人类社会带来商业的变革；最后，还能帮助人们解决现实难题。但是，对于人工智能而言，人类需要时刻保持清醒的认知，以防给人类带来威胁。

2.2.1 商业革命推动人类进步与发展

人工智能正在激发一场新的商业革命，并会在不久的将来实现商业化落地。随着深度学习概念的提出，人类正式进入人工智能发展的第三大热潮。目前，在视觉、语音识别与其他领域内取得小有成就的基础上，人工智能开始进入突破瓶颈的前期。

经过多年发展，人工智能越来越成熟，逐渐受到大众的认可。这也许会架起一座通往未来文明的桥梁。下面将举例分析人工智能是如何在商业大海中激起层层浪花的。

1. 谷歌 AlphaGo 打败柯洁

谷歌不仅是互联网领域的先驱，也是人工智能领域的领军者。由谷歌研发的深度学习人工智能项目 AlphaGo 早在 2016 就掌握了围棋的规则，并在当年的 3 月以 4∶1 的比分击败了韩国围棋高手李世石。

在 AlphaGo 出现之前，世界围棋高手基本都产生于韩国和日本。但我国围棋天才柯洁在他 16 岁那年就一举打破了日韩的垄断，将中国的旗帜插在围棋界的顶端。他还曾在社交软件上自信地表态："AlphaGo"能赢李世石，但赢不了我！

但对在真实对战中深陷棋局的柯洁来说，与人工智能的对决绝不会那么简单。在连续输掉三局之后，柯洁被 AlphaGo 彻底击溃，最终以 0∶3 败北。这一结局震惊了全世界的科学家，人工智能通过深度学习打败了全球顶尖高手，也使得人们对人工智能的热情重新燃烧起来。

2. XPRIZE 联手 IBM 设立了 "AI 2020" 竞赛

提及人工智能，人们脑海中首先浮现的就是人工智能反抗人类命令的画面——

电影中，人工智能野蛮地谋害了制造者、人工智能在某国国防大厦的阴暗角落里操控着整个国家等。为了改变这一不切实际的刻板印象，XPRIZE 携手 IBM 举办了一场名叫"AI 2020"的挑战赛，希望能够以一种反乌托邦的方式来探究人工智能对人类在实际场景方面的帮助和影响。

这场竞赛还希望通过突破目前的人类极限，来关注在当今社会看似无法解决、目前还没有明确解决途径的问题。此外，这次挑战赛的综合性也让人兴奋。参赛团队不仅可以由专业人工智能领域的人才组建而成，还可以由对科学、数学、语言学等多个领域有研究的业余人才组成。也就是说，只要参赛者能拿出研究成果，就都能够参加挑战赛。

XPRIZE 希望通过"AI 2020"竞赛来催生新的行业，以及改革现有行业并为其带来持久利益。并且，他们将通过最终胜利向世界证明，那些疑难问题是可以被人工智能解决的，同样也能消除人类对人工智能恐惧的幻想。

总而言之，在人工智能领域，全社会都在为突破瓶颈而努力。在第三次人工智能热潮中，还将会出现各种各样的人工智能下的高科技产品。相信人工智能会将商业革命再次推向巅峰，让整个社会受惠。

2.2.2 人工智能变身人类的"小帮手"

目前，人工智能在深度学习领域取得了重大进展，在过程中也解决了多年来的多项疑难杂症。由于人工智能擅长分析高维数据中的复杂结构，因此它也被广泛应用于科学、商业和政府等领域，同时也带动了社会服务行业的蓬勃发展，例如语音识别、人脸识别等服务。

由于人工智能的助力，使得我国的医疗水平不断提升，成功的医疗案例也在不断涌现。人工智能在问诊导诊、病毒检测、辅助诊断、基因分析及数据预测方面都发挥了重要作用。以体温检测为例，为防止病毒在人群之间传播，各类公共场所的工作人员都能利用人工智能快速检测来往人员的体温（见图 2-3），实现了非接触性人员初筛，为疫情防控工作保驾护航。

图 2-3　人工智能体温检测仪

人工智能对疫情管控的赋能，是对人类特殊价值体现的极具代表性的案例。相信在未来，人工智能依旧能帮助人类解决一个又一个的难题。

2.2.3　"华智冰"引爆虚拟人时代

2021 年 6 月，我国首个 AI 虚拟学生"华智冰"亮相，如图 2-4 所示。"华智冰"人美歌甜，表情也和真人非常相似。她的歌声、生物学特征全部由人工智能赋予，肢体动作经过团队训练，歌声由 X Studio（人工智能小冰框架）生成。

"华智冰"由智源研究院、智谱 AI 等团队联合打造，于 2021 年 6 月入学清华大学计算机系，师从唐杰教授。与我们人类相比，"华智冰"学习和成长的速度都更快，大约只需要 1 年时间便可以达到 12 岁孩子的认知水平。

图 2-4 "华智冰"自弹自唱

在清华大学,"华智冰"拥有自己的座位和人名牌,可以作诗、作画,甚至还可以推理,与清华学生进行情感交互。为了让"华智冰"变得更完美,团队为她制定了详细的学习计划。

(1)第一年:博览群书,学习并吸收大量的语言材料。

(2)第二年:学习更深层次的知识,挖掘数据中的隐含模式。

(3)第三年:提升创造力,在多项认知上超过人类。

与之前的 AI 虚拟人不同,"华智冰"可以展露自己的歌喉,因为其内嵌大规模预训练模型悟道 2.0。该模型可以让"华智冰"像人类一样交流与互动,自动撰写剧本杀的脚本、论文等,并能够提供强大的数据驱动能力。

在多种技术的支持下,与众不同的"华智冰"闪亮登场。未来,她将发展到什么程度?我们似乎不得而知。但可以确定的是,她会不断学习、探索,培养创造能力与交互能力,积累更多知识,成为人类的好伙伴、好帮手。

2.3 终极之战：抢占商机是当务之急

人工智能经过 60 多年的沉浮后，如今已经开始融入人们的生活。在人工智能时代更加深化之际，构建场景应用、把握关键要素成为人工智能商业落地的重要举措。人工智能产业得到快速发展，离不开数据、算法和服务，而这 3 个要素为人工智能的发展提供了充足的动力。下面我们将分别介绍这 3 个要素，并进一步讲述它们如何形成合力，加速人工智能的商业落地。

2.3.1 AI 时代，数据越多越好

人工智能如今发展势头惊人。海量的数据无疑就是人工智能的燃料，支撑人工智能高速运行。人工智能如果没有数据作为运行基础，算法和模型设计得再好也毫无作用。因此，人工智能能否成功实现商业落地，在很大程度上都要依赖数据，特别是人工智能如今的发展阶段还处于深度学习状态，数据就是深度学习的基石。

因此，每一项人工智能项目在实施之前，需要针对数据的完善程度来对数据基础进行评估。评估标准可参考人工智能项目数据完善程度的 5 个等级，如图 2-5 所示。

如果公司的数据完善程度较低，比如，公司处于"没有项目关键数据"这一等级，那么公司首先应该及时收集数据、打好基础，而不是一边实施人工智能项目，一边完善关键数据。否则，很容易让项目偏离原来的发展轨道，离实现商业落地越来越远。

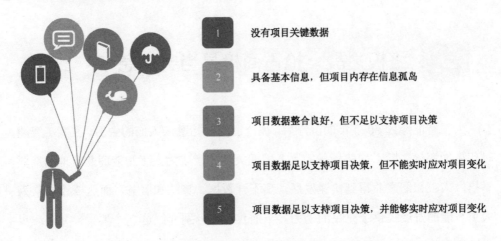

1　没有项目关键数据

2　具备基本信息，但项目内存在信息孤岛

3　项目数据整合良好，但不足以支持项目决策

4　项目数据足以支持项目决策，但不能实时应对项目变化

5　项目数据足以支持项目决策，并能够实时应对项目变化

图 2-5　人工智能项目数据完善程度的 5 个等级

按常理来说，互联网行业每天都要与数据打交道，其数据的完善程度是最高的。然而，数据还要收集海量信息，才能为人工智能提供足够的发展依据。

互联网技术的发展我们有目共睹，而很多互联网公司也在发展过程中累积了大量数据。众所周知，在当前的行业中，互联网行业在数据挖掘和使用上是远远超过其他行业的。因此，互联网行业成了人工智能应用的重点行业。

但事实上，那些被人工智能忽视的传统行业，蕴藏的数据信息才是真正的海量数据，如教育、航空和能源领域等。由此可见，人工智能在传统行业中可以获取的数据将是无限的。但是，放眼看去，互联网行业面对人工智能跃跃欲试，而传统行业对人工智能的发展并没有重视起来。传统行业的数据量对于人工智能来说就像一个巨大宝库，但是却没有使用的计划。

不仅如此，人工智能在传统行业中的发展潜力也十分巨大。人工智能想要实现商业落地，传统行业是必不可缺的应用场景。因此，人工智能想要实现商业落地，获得更多的数据，应该想方设法地改变传统行业的发展观，并将人工智能应用到传统行业中。而传统行业依靠自身数据，与人工智能进行深度结合，可以有效进入核心业务，提高工作效率。

利用人工智能和数据的结合，传统行业可以发生巨大转变，而人工智能也可以尽快实现商业落地。因此，如何对接传统行业并获得海量数据，从而实现商业化落地，是人工智能公司需要重点考虑的问题。

2.3.2 完善算法体系，加速商业落地

近两年，大家无论是在论坛、会议，还是其他渠道，都会时不时看到"随机模拟""机器学习""深度学习""迁移学习"等词汇。这些词汇全都指向一个方向，即人工智能。细分起来，这些词汇都属于支撑人工智能的一个重要因素——算法。

当然，也有很多人对算法这个概念并不理解，我们可以从人工智能已经出现的两个阶段出发进行分析。接下来给大家介绍一下，在人工智能实现商业落地的过程中，经常使用的 4 种算法，如图 2-6 所示。

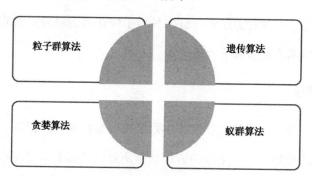

图 2-6　人工智能实现商业落地经常使用的 4 种算法

1. 粒子群算法

粒子群算法（Particle Swarm Optimization，PSO）即从随机解出发，寻找最优解，适应度是评价解品质的标准。粒子群算法的计算精准度高、实现概率大，在工作中经常被用到。

2. 遗传算法

遗传算法也是进化算法之一。这种算法的表现方式通常都是模拟。遗传算法在人工智能中的应用主要是解决搜索问题，可以用于各种通用问题。遗传算法具有自组织、自适应和自学习性，通常都会利用进化过程中所获取的内容自行组织搜索，在组织过程中，适应度强的个体才有可能生存下来，从而得出更适应的基因结构。

遗传算法实现了人工智能系统的首次自主编程，让人工智能实现自主编程是人工智能领域长期以来的计划。由此可见，遗传算法在促进人工智能发展，实现商业落地方面起着很重要的作用。

3. 贪婪算法

贪婪算法与上面两种方法不一样，只用于快速得到较为满意的解，不追求最优解，从而为技术人员节省了大量时间。

4. 蚁群算法

蚁群算法来源于在寻找食物过程中蚂蚁发现最短路径的行为。蚂蚁能发现蚁窝与食物之间的最短路径，采取的方法就是所有成员都要以蚁窝作为中心点，在附近区域进行地毯式搜索。在离开蚁窝发现食物的过程中，蚂蚁选择 A 路线；在寻找到食物后，蚂蚁回去的路线是 B 路线。经过两条路线的对比，蚂蚁就会发现哪一条路线比较短，从而选择最短路径。

在人工智能实现商业落地计划中，蚁群算法可以应用于很多场景，比如，在人工智能交通管理中，通过蚁群算法，可以有效解决车辆调度问题。

通过算法，人工智能可以在更好的发展场景中实现商业落地，从而获得更广阔的市场规模。

2.3.3 优化服务，感受科技的魅力

科技发展的最终目的不是向人类展示科技的高大上与神秘感，而是要用科技点亮生活，要用神秘的科技为人类的发展服务。人工智能是现阶段人类科技的最新成果和最高成就，如果仅仅局限于 AlphaGo 这个境界，人工智能只会下围棋，那么也是人工智能发展的悲哀。

人工智能发展的理想目标是智能机器人能够帮助我们做体力繁重、程序琐碎的工作，使我们可以从事更加富有创造力的工作。智能机器人能够理解我们的真实意图，能够切实与我们交互和沟通，打破语言障碍、视觉障碍与理解障碍，切实解决我们生活中的问题。在未来社会，人类将能够与智能机器人密切合作，做到人机和谐相处。

这里以 Cogito 公司研发的智能客服软件为例，说明服务能力提升的巨大效果。Josh Feast 和麻省理工学院的人类动力学专家 Sandy Pentland 共同创建了 Cogito 公司，研发了智能客服软件。在客服场景中，软件会以"顾问"的身份提醒客服人员如何更好地与客户交流。

智能客服软件借助机器学习技术和大数据技术，能够帮助客服人员高效地分析客户的情绪波动。智能客服软件分析的并不是人们沟通的内容，而是沟通的音频。智能客服软件通过智能分析客户的音频波动，及时提醒客服人员，让他们调节自己的语速或者语调，更好地回复客户的提问，提高客户的满意度。客户满意度的提升，也会使客服人员有更大的工作热情。

总之，这一智能客服软件既提升了顾客的满意度，也提高了公司的客服效率，达到了双赢的效果。所以，提升服务能力的人工智能才会为社会进步带来更好的福利。

·第 **3** 章·

技术融合：进化的人工智能

正处在热潮中的人工智能在不断地向人们的日常生活渗入，但在发展的过程中，它并不"孤单"。人工智能的发展往往会伴随着其他技术的融合，并借助其他成熟的技术，突破瓶颈也一定会提前到来。在前沿技术中，与人工智能融合最广泛的有 5G、物联网、区块链、大数据等技术。下面我们将分别介绍当人工智能遇见这些技术时，会出现怎样的火花。

3.1 人工智能与 5G

在全球范围内，人工智能正处在第三大热潮中，无论公司还是投资界都在努力追赶这个热潮。换句话说，人工智能已经站在了强而有力的风口之上。但是，人们将目光聚焦在人工智能的同时，也不应忽略 5G、6G 在人工智能未来发展中所起到的至关重要的作用。

3.1.1 智能自治网络的实现

现阶段，5G 网络正在全球范围内展开火热的部署。与 4G 网络相比，5G 网络在数据传输速度、效率、延时等关键性指标上都有了质的提升。5G 时代的到来，将支撑更加丰富的应用场景，但同时也给运营商带来了不小的挑战。

为了直面挑战，运营商对运维模式的革新与网络智能化能力都有了更高的要求。因此，人工智能对移动网络的融合是 5G 发展的一个必要趋势。将人工智能引入移动网络，是为 5G 时代的到来铺就基石。其中，最重要的层面就是，人工智能不仅可以让移动网络具备高自动化能力，还可以驱动自闭环和自决策能力，即实现智能自治网络。

5G 智能自治网络需要基于云计算构建人工智能和大数据引擎。为了在不增加网络复杂性的基础上，实现智能自治网络的目标，运营商需要在网络架构上制造分层。从布署位置来看，越是上层，数据就越集中化。数量越多、跨领域分析能力就越强，更适合对计算能力要求很高、实时性要求较低的数据做支撑。

布署位置越是下层，越接近客户端，专项分析能力越强、时效性越强。通俗意义上来讲，智能自治网络需要基于"分层自治、垂直协同"的架构来实现。

罗马不是一天建成的，建设真正的智能自治网络也会是一个长期的过程。目前，全球运营商都已展开人工智能应用的深入探索，包括流量预测、基站自动部署、故障自动定位等。但人工智能在移动网络中的应用，也同样存在挑战。

由于智能自治网络的业务流程与运营商的业务价值直接相关，因此运营商需要重新根据自身的组织架构、员工技术等限制因素定义工作流程，并权衡成本，评估潜在价值，最终确定核心的智能自治网络场景。

人工智能驱动网络自治是 5G 时代的大势所趋，将会给移动网络带来根本性的变革。网络将由当前的被动管理模式，逐步向自主管理模式转变。人工智能、5G与物联网是全球移动通信系统协会提出的"智能连接"愿景的3个核心要素。其中，人工智能与5G的融合发展，将给移动网络注入新的技术活力，并能促进这个愿景的真正实现。

在现实生活中，通过产业间的高度协同，人工智能和移动网络这两项技术已经改变了全球人们的生活方式。而它们之间的交汇融合，必将再次重塑人类的未来。

3.1.2　5G弥补人工智能的短板

提到5G，很多人都会联想到人工智能、大数据、物联网等技术，5G的普及势必会推动这些技术的发展。对于人工智能来说，由于具备深度学习能力，能对所存储或收集到的数据整理、分析，并在这一过程与结果中吸收知识经验来提升自己，所以5G对于数据的高效传输，有助于人工智能的快速升级与发展。

随着互联网技术的普及，网民数量也在持续增加，而网民的信息也大多被掌握在了很多科技服务公司手中。然而，当数据规模逐渐庞大的同时，数据传输与存储的压力也会随之变大，特别是在人工智能应用方面，对于数据传输和处理有着更为严格的要求。因此，5G网络通信对人工智能的发展尤为重要。

作为第五代移动通信技术，5G具有高传输速率、大宽带与低延时等可靠优势。而人工智能在5G的影响下，也能够提供更快的响应、更优质的内容、更高效的学习能力，以及更直观的用户体验。可以说，5G弥补了以人工智能为代表的新型技术发展的短板，成为驱动前沿科技发展的新动力。

3.1.3 人工智能携手 5G "驯化" 设备

随着无线网络的普及，人们越来越依赖于无线网络来学习和工作，但无线网络是固定的，难以满足人们移动的需求，给人们的学习和工作带来了诸多阻碍。

终端 AI 在无线设备连接方面的应用将会大大提高网络的灵活性，也为网络设备管理提供了便利。传统的"人随网动"将随着终端 AI 的应用转变为更加灵活的"网随人动"，可应用于校园、公司等多个场景。

人工智能型 AD Campus 解决方案为建设柔性的校园网系统提供了更多可能。无须对现有网络调整，也无须增加运营的复杂度，人和终端在校园内的移动不受网络限制，同时能大幅度地降低运营成本。

1. 应用是核心

"网随人动"需要进行大量的用户、设备和流量之间的调控，因此应用是核心。人工智能系统为不同的应用提供独立的逻辑网络，也为不同的应用提供不同的网络需求，从而提高资源的利用率、网络的重构率，并通过以下 4 个步骤实现对网络的分层把控，如图 3-1 所示。

图 3-1　网络分层把控的 4 个步骤

（1）人工智能型 ADCampus 解决方案可以识别用户组和物联终端，对 IP 电话和视频监控系统进行识别管控。

（2）人工智能对不同的用户组分类，可将用户和终端业务捆绑，并根据 IP 频段的标记，实现对用户和终端的绑定，让用户在网络中具有不可更改的标识。

（3）人工智能方案对校园网内的不同业务隔离，可在不同场景内为不同用户和终端提供网络权限。

（4）校园网络中的用户数量和终端位置发生移动，在 IP 不变的情况下，网络接入和网络策略不变。例如，当校园的人员数量增多或减少时，人工智能系统可自行调配网络。

2. IP 决定网段

IP 和用户的对应实现了人工智能系统对用户的管控，同时便于人和终端之间的捆绑，保障了终端的安全接入。网段和业务的联动使得业务和网段之间的连接只需通过 IP 网段的控制就可达成。用户无须输入多余的口令，只需要在选项中输入步骤名称就可自动完成业务。

3. 自动化布署

人工智能方案的自动化布署将整个网络设备进行角色化分类，将核心层、汇聚层、接入层统一，并将配置文件简化，实行简单的自动化布署模式。

4. 实现一键启动

人工智能可以实现终端资源的人性化分配，根据资源定义和用户组策略的匹配模式导出可视化界面，让用户快速掌握操作模式，并提供拓扑视图，让操作更便捷。

通过以上人工智能对校园系统的管控可以看出，真正实现"网随人动"的网络操作并不遥远，人工智能也在人们的生活中扮演着越来越重要的角色。

3.2 人工智能与物联网

随着人工智能的火热发展，其已经应用于许多领域，如金融、娱乐、版权等。在人工智能大范围应用的背后不仅有 5G 强有力的推动，还有物联网的强有力支撑。

3.2.1 万物互联还没有真正实现

约翰·奈斯曾经在自己的著作《大趋势》里写下很多预言，《金融时报》证实，其中的大部分预言都已经成为现实。约翰·奈斯说过这样一句话："你们以为我预言的都是未来，其实我只是把现状写下来，20 年来我写的都是已经发生了的事，我要分析的是哪些事会长久地影响社会。"而且，他十分坚定地认为"未来构筑于现在"。

早前，万物互联的场景只能在科幻电影中看到，而如今，在"互联网+"的助力下，这样的场景似乎已经成为现实。在这背后，除了有海量信息在全球范围内的无成本流淌，还有人与人、人与物、物与物的无限自由连接。

但是，万物互联真的已经实现了吗？其实并不是，一切才刚刚开始。未来，所有事物都会通过物联网连接起来，包括电脑、手持的仪器、眼镜、衣服、鞋子、墙等，甚至一头牛都有可能连接在物联网上。

如今，每个人大概会有两个移动设备，等到 2040 年，每个人手里的移动设备会达到上千个，所有事物都会通过这些移动设备连接起来。所以，任何数据都会在云终端存储，而且云终端的处理速度非常快，存储容量非常大。

上述场景非常有吸引力，而事实也证明，互联网的确正以较快的速度向万物互联进化。在这种情况下，人与人之间的连接就会变得越来越紧密，连接方式也会变得越来越多。

从人类生活的角度看，万物互联不仅实现了生活的智能化，也提升了人类的创造能力。这样人类就可以在享受高品质生活的同时做出更好的决策。

那如果从公司的角度看呢？万物互联可以帮助公司获得比之前更有价值的信息，这不仅可以大幅度降低公司的运行成本，还可以帮助公司提升用户体验。

由此来看，万物互联确实拥有广阔的市场。思科提供的数据显示，2015—2025年，万物互联在全球范围内创造的价值将达到19万亿美元。其中，商业领域的价值为14.4万亿美元。但是，现在与互联网连接的事物还不到1%，而尚未实现互联的事物则高达99.4%。这也就表示，万物互联还没有真正实现。

3.2.2 物联网+人工智能=创新的超能力

近几年来，物联网与人工智能一直保持着比较稳定的增长，由新型冠状病毒性肺炎疫情引发的数字化转型更是推动了二者的加速创新。物联网和人工智能都是当下的热门话题，人工智能将帮助物联网更智能、高效地工作，物联网则会成为人工智能应用的中坚力量。

我们不妨预测一下，如果物联网与人工智能融合在一起，那会是一番怎样的景象。

预测1：语言学习（在家里与教练或教师沟通）。

物联网和人工智能让我们可以在家里与教练或教师沟通，也可以让我们参加世界各地的比赛。在这种情况下，学习将变得更方便、更自由。

预测2：自动翻译耳机（无障碍地虚拟海外旅行）。

在物联网和人工智能的帮助下，虚拟旅行将成为可能，我们可以充分感受当地的环境和氛围，并与当地人沟通。如果是海外虚拟旅行，我们与当地人会存在语言障碍，但随着物联网和人工智能的出现，自动翻译耳机将派上用场。未来，自动翻译耳机的翻译准确性会得到极大提高，翻译速度也会不断加快，从而让无障碍的虚拟海外旅行成为现实。

预测 3：现代化购物（在家里测量尺寸，买到最适合自己的衣服）。

如果网上购物和物联网与人工智能连接，我们可以在家里测量尺寸，系统会根据我们的喜好推荐适合的衣服。

预测 4：运动/饮食（可穿戴设备和智能机器人的辅助）。

在物联网时代，可穿戴设备将成为我们的教练，鼓励和督促我们进行适度锻炼。此外，智能烹饪机器人会辅助我们做出健康、美味的饭菜，这有利于改善我们的健康情况。未来，可穿戴设备和智能机器人会进入我们的生活并成为我们的助手。就像吸尘器和洗衣机让做家务变得更轻松一样，可穿戴设备和智能机器人也会为我们带来更自由、更快乐的生活。

3.3 人工智能与区块链

毋庸置疑，区块链技术是面向未来的。同时，人工智能和区块链也在相互作用、相互影响，共同促进行业创新，二者在不同领域里的应用都在引导着不同产业产生根本性的变化。这两种技术的复杂程度、商业意义不同，但如果能将两者整合在一起，那么人类社会的商业模式与技术范畴可能会被重新定义。

3.3.1 人工智能帮助区块链节省能源

在数字时代来临及技术不断进步的影响下，需要处理和分发的数据已经变得越来越多、越来越复杂，例如，一些现代化软件系统的代码行数已经达到了百万级。在维护这些数据的时候，不仅需要大量的软件开发人员，还需要大型数据中心的帮助，这意味着要消耗大量的人力、物力资源。

鉴于此，兰卡斯特大学的数据科学专家开发出了一个人工智能系统。该系统可以用最快的速度完成软件的自动组装，从而能够极大地提升人工智能系统运行的效率。

这一人工智能系统的基础是机器学习算法。在接到一项任务以后，该人工智能系统会在第一时间查询庞大的软件模块库，如搜索、内存缓存、分类算法等，并进行选择，最终将自己认为的理想形态组装出来。另外，研究人员还为这种算法起了一个非常合适的名称——"微型变种"。该人工智能系统具有深度学习的能力，能够利用"微型变种"自动组装理想的软件形态，能够自主开发软件。

该人工智能系统可以减少人力的消耗，并且可以自动完成软件的组装，会减少数据处理中心的能源消耗。随着物联网时代的到来，需要处理的数据量也在迅速增长，数据处理中心的众多服务器也因此需要消耗大量能源。而该人工智能系统能够为数据处理提供新方式，从而减少能源消耗。

在人工智能系统的影响下，人类与数字世界打交道的方式已经发生了颠覆性的变化。技术的发展大幅度提升了网络的安全性，加快了数据查询的速度。技术的发展是解决问题的根本途径。

人工智能在节省能源消耗方面的强大作用已经得到了证明。同样，人工智能在应用到区块链领域时，也将大幅度减少区块链的电力及能源消耗。

人工智能算法和区块链的共识机制相结合能够有效减少区块链的电力和能源消耗。将人工智能算法应用于区块链的共识机制，能够提高区块链的计算效率，从而节省电力和能源。其运算逻辑为：人工智能与共识机制结合后，采用分层共识机制，利用随机算法将所有节点划分为多个小集群并选出集群中的代表节点，再由这些代表节点进行记账权的竞争。和全部节点参与竞争的记账方式相比，这种新的记账方式更能减少能源消耗。

3.3.2 打破数据孤岛，实现数据共享

之前，数据孤岛严重阻碍了人工智能的发展。在区块链融入人工智能后，就能够很好地解决这些问题。区块链能够保证数据传输的安全性和可追溯性，能够实现数据的大量传输。在区块链的助力下，人工智能的数据共享主要体现在以下两个场景中。

1. 公司场景

通过区块链，不同公司的数据可以合并在一起，不仅可以减少公司审计数据的成本，还可以减少审计人员共享数据的成本。在更完善的数据的支持下，公司可以完成更完善的人工智能模型。这样的人工智能模型就像一个"数据集市"，可以更准确地预测客户流失率。

2. 生态系统场景

一般来说，竞争对手之间不会交换和共享数据。但如果一家银行获取了其他几家银行的合并数据，那么这家银行就可以构建一个更加完善的人工智能模型，从而最大限度地预防信用卡诈骗。此外，对于一条供应链上的多家公司而言，如果通过区块链实现了整条供应链的数据共享，那么当供应链出现故障的时候，公司就可以在第一时间明确故障来源。

无论是在不同的生态系统之间交换和共享数据，还是在每个个体参与全球规模的生态系统之间交换和共享数据，区块链都是十分有价值的。在数据共享的情况下，可以改进人工智能模型的数据就会更多，来源也会更广。

来自不同孤岛的数据合并在一起以后，除了可以产生更好的数据集，还可以产生更加新颖的人工智能模型。在这种人工智能模型的助力下，可以获得新的洞察力，也可以开发新的商业应用。

在进行数据共享的时候，还需要考虑一个重要问题——中心化，还是去中心化。就算某些公司愿意共享自己的数据，那也不一定必须通过区块链实现。不过，与中心化相比，去中心化有比较多的好处：一方面，参与公司可以名副其实地共享基础设施，无论是其中的哪一家都不可以独自控制所有的共享数据；另一方面，把数据和模型作为真正的资产将不再像以前那样困难，而且还可以通过授权其他公司使用来获取利润。

3.3.3 ObEN：加速人工智能与区块链融合

人工智能与区块链都是时下的热门话题，公司若是将两者结合在一起，必然会引起很多投资商的关注。ObEN 就将自主研发的人工智能项目与区块链融合。下面我们将介绍，ObEN 是如何将人工智能项目与区块链融合并在实际应用场景落地的。

在创业初期，ObEN 就秉持着为每个人打造出人工智能 PAI（个性化人工智能，Personal AI）的理念着手布局人工智能与区块链的融合发展。在他们的设想场景中，PAI 不仅长得像使用者，并且根据语音识别技术，说话的声音也会与使用者类似，在未来，甚至还会拥有与真人类似的性格。

基于目前的研发阶段，该公司推出的是一个虚拟人像的软件，拥有对话、唱歌、读书、翻译、发短信、远程控制家电、提醒日程等功能。并且，他们还以艺术购物馆 K11 创始人为模型，建立了一个三维立体虚拟人物，使其智能地讲解艺术馆中的展览。

我国现在最成功的人工智能歌手是初音未来。她还以虚拟形象开过多次演唱会并大受追捧。而 ObEN 对自己在 PAI 的语音和舞蹈学习功能上大有信心，甚至在访谈中说 PAI 在模拟人声时会超过初音未来。同时，PAI 还可根据系统中上传的跳舞视频，根据人物主体的骨骼结构让虚拟人物准确地学习跳舞动作。在此之前，这一技术需在真人身上安置传感器才能够实现。

PAI 是一款充满惊喜与乐趣的高科技产品。随着算法的不断完善，云计算与大数据在信息处理方面的难度不断提升。其中最主要的困难就是处理虚拟形象版权。交友行业对信任的要求极高，只有确立人工智能背后是真实的人，用户才愿意付出时间与精力。

所以，在众多版权认证、溯源的技术方法中，区块链脱颖而出。ObEN 也曾尝试过其他认证方式，但均不具备公信力。只有区块链这一不可篡改、实时记录的共识网络，才受到了大众的广泛认可。

总而言之，区块链可以被看作一个诚信的社区，通过端对端的实名认证，帮助每个用户确保个性化人工智能仅属于自己，或是自己在数字世界的唯一映射。这也同样证明了区块链技术对人工智能个性化的有效支撑。

3.4　人工智能与大数据

在经济与科技快速发展的今天，很多人工智能应用平台都融合了大数据，不仅给了很多创业型公司新的机遇与发展，还给很多大型互联网公司弯道超车的机会。未来 10～20 年里，由大数据支撑的人工智能应用会更加普及，这一领域将会给全球范围内的各个行业带来颠覆性的变革与发展浪潮。

3.4.1 人工智能+大数据=行业转型商机

人工智能与大数据的融合发展是大势所趋。这一趋势也将为全球带来新的行业与新的机遇。未来，大部分的行业都将随着两者的融合而转型升级，诞生更多的产业与商业模式，并且将主要应用于教育、医疗、环境、城市规划、司法服务等领域。伴随着对未来的期待，下面将详细介绍大数据与人工智能的融合是如何逐渐渗透到人类社会生产与生活中来的。

从人工智能与大数据的融合阶段来看，目前总体正处在一种爆发性增长的阶段。如此的行业现状，带给了众多公司与投资商机遇。同时，随着公司与新兴产品数量的不断增长，人工智能与大数据也在各个领域内不断渗透。我国的人工智能产业相较于国际起步较晚，基础建设也处于较低水平，因此我国政府与公司需要积极培养高科技人才，完善人工智能，以技术驱动改变现状，以谋求长期发展。

根据我国信通院发布的数据来看，我国人工智能公司大多分布在视觉、语音和自然语言处理领域。其中，视觉占比高达43%，语音与自然语言占比41%。在目标市场中，"人工智能+"也是传统公司转型升级所关注的重点。总而言之，在人工智能的发展及BAT等巨头布局的带领下，我国各个公司都争先依据自身的数据优势来布局人工智能的发展，提高公司竞争力，抢占市场份额。

在国际范围内，人工智能与大数据的融合影响也极大。麦肯锡报告预测，该项目的融合可在未来10年内为全球GDP的增长贡献1.2个百分点，为全球经济活动增加14万亿美元的产值，贡献率可以与历史上任何一次工业革命相媲美。

3.4.2 有了大数据，人工智能水平不断提高

大数据技术的崛起为人工智能的发展提供了丰富的大数据资源。Talking Data

是一家专注于大数据的人工智能科研公司。公司的技术团队十分注重数据资源的挖掘、积累与优化。他们认为："无论是 AI，还是 VR（Virtual Reality，虚拟现实），或者是自动驾驶等高新技术，都离不开对数据的深刻理解和应用。没有海量数据的支撑，AI 不可能在近年来快速发展；没有对人类驾驶行为数据的学习，自动驾驶只能是空中楼阁。"

随着科技的发展，大数据的内涵已经有了深刻变化。如今的大数据包含越来越多的信息量，数据的维度也越来越多。例如，大数据技术不仅能够捕捉图像、声音等静态数据，还能够捕捉人们的语言、动作、姿态及行为轨迹等动态数据。

传统的数据处理方法已经不能够更好地处理这些纷杂的数据。大数据技术需要融合人工智能，智能捕捉非结构化的海量数据，并进行优化处理，从而解决更多的问题，为人工智能的发展与商业的变革做出更大的贡献。

对于发展人工智能来说，高效利用大数据，应当从以下 4 个方面做起，如图 3-2 所示。

构建数据思维能力

积累数据科学技术

用智能数据指导商业实践

提取最新鲜的数据

图 3-2　高效利用数据的 4 个方面

首先，要构建数据思维能力。智能产品的发展与人工智能的商业落地都需要运营人员有深刻的数据洞察力与理解力，把大数据技术延伸至产品的市场调查、早期设计、用户跟踪及用户反馈上。只有做到这些，研发团队设计的智能产品才能够真正具有商业价值，才能够有更多盈利。

其次，要积累数据科学技术。数据科学技术的发展日新月异，智能产品的设计团队要跟得上时代，掌握最新的数据处理方法，用最先进的算法处理数据，让数据真正为我所用。

再次，要用智能数据指导商业实践。数据的优化处理要与具体的商业运营相结合，即根据大数据统计分析的最有效结论，指导产品的升级完善，从而占领更广阔的市场。

最后，要提取最新鲜的数据。最新鲜的数据才会最具有时效性，才会带来更多的价值。为获得最新鲜的数据，需要各个数据机构与平台保持开放的心态，并积极进行数据合作，这样才能够共赢。

在未来，利用大数据技术整合多元的数据资源，并结合行业特点进行高效应用，必然能够促进行业的新升级，促进人工智能的进一步发展与商业落地。

第 **4** 章

未来图景：人工智能将如何发展

目前，人工智能的开发正在迅速推进。它在经济、法律、哲学乃至计算机安全领域都有广泛的应用。因为人工智能的崛起已经对人类生活有了深刻的影响，所以在未来，人们应该将研究重点从研发人工智能的技术层面转移到社会效益层面。

简单来说，面对人工智能的兴起，人们应该尽全力来确保其未来发展对我们的生活环境有利。虽然人工智能的发展本身就存在着各种问题，但这些问题需要在技术的进步中依次得到解决，人工智能系统也需要按照人类的意志或目标进行工作。

4.1 新时代，人工智能将何去何从

人工智能将引发一场新的科技革命，而这场变革则由数据、计算力和算法这3个核心要素所驱动。其中，智能物联网设备产生数据，计算力则有超级计算机、云计算等技术支撑，再加上深度学习算法的进步，足以让公司在各领域、行业快

速地进行经验的积累，进而使公司的业务流程更加智能化和自动化。

4.1.1 云端控制向终端化过渡

随着社会的进步，人们对生活安全的要求也越来越高。由此，我国利用人工智能技术将文字、图像采集工作与市场需求相结合，推出了护照识别、证件识别等云端识别技术。以证件识别云端技术为例，它是目前我国公务处理中应用最多的识别服务之一，可快速精准识别身份证、驾驶证等多种有效证件。其拥有着识别率高、识别速度快等多种优势，并且由于其采取排队等待识别的制度，还可多个进程同时调用，使操作人员更加方便、灵活地调用，提高工作效率。

但随着科学技术的快速发展，人工智能也正在舍弃云端控制，逐渐走向终端化。所谓人工智能终端化，就是将人工智能算法用于智能手机、汽车、衣服等终端设备上。在政策、市场等多重利好因素的影响下，人工智能推动着传统行业迎来全新变革，也与多个领域相融合。其中，我们将以移动智能终端与可穿戴智能终端为例，来说明人工智能在不同领域的实践。

1. 移动智能终端

无论是通用技术，还是高端科技，没有应用的场景也是没有价值的。所以对于人工智能而言，它的价值量非常高。因为它涵盖的细分领域广泛，不仅涉及工业、农业、商业领域，甚至还涉及与人们生活密切相关的移动智能终端领域。

其中，智能手机是目前人类社会使用范围最广的移动终端之一，所以人工智能在这一领域的渗透拥有广阔市场前景。况且，移动通信技术与社会、经济发展息息相关，人工智能在移动智能终端的应用也受到了高度关注。智能移动手机终端如图 4-1 所示。

小票打印

扫码支付

IC卡

NFC

磁条卡

身份证识别

非接卡

图 4-1　智能移动手机终端

在人工智能崛起之前，传统智能手机只是在功能方面相对丰富，但并不算智能。有了人工智能的助力，真正的智能手机出现在大众的视野里，并成为其应用的主要场景。在智能手机领域里，人脸识别、指纹识别等技术的应用最为常见。借由人脸识别技术，智能手机在移动支付、身份验证、密码保护等方面得到了跨越式提升。

其次，汽车也属于移动智能终端之一。车载智能终端如图 4-2 所示。在 2018年，我国发展和改革委员会就曾颁布《智能汽车创新发展战略》，为汽车智能化发展确立了目标与流程。由此，车载智能终端产品的研发与应用也将成为主要的人工智能应用。

总体来讲，新型智能手机与车载智能终端是移动智能终端领域的两大主线产品，也是人工智能应用的主要场景。

图 4-2　车载智能终端

2. 可穿戴智能终端

移动智能终端主要为人们的社交、工作及出行服务，可穿戴智能终端将重点瞄准人们日常的休闲娱乐。基于人工智能的支撑，可穿戴智能终端产品也逐渐被研发出来，例如日常生活中的智能手表、智能眼镜等；医学领域的康复机器人、外骨骼机器人等。

在可穿戴智能终端的发展历程中，人工智能在智能手表、智能眼镜、机器人等产品中的应用，远没有在移动智能设备中那么完整。这些可穿戴智能终端在产品设计与售后服务方面都拥有很大的提升空间，其商业模式也亟须完善。

因此，在可穿戴智能终端领域，我国还需进一步寻找人工智能为其支撑的最佳路径，以充分发挥两者的应用价值与优势。2017 年，国务院颁布的《新一代人工智能发展规划》中明确提出，国家将释放多项红利政策鼓励公司开发可穿戴智能终端产品，推动我国人工智能的发展。

所以，未来的 20 年，人工智能的商业进程将不断加快，我国人工智能的发展与应用也将会更加完善，围绕人工智能所展开的竞争也会更加激烈。作为人工智能重要应用场景，智能终端产业的重要程度将不断提升，公司、国家的重心将从云端控制逐渐向终端转变。

4.1.2 数据合成的重要性不断提升

人们即将迎接的是数据合成时代。目前，许多公司没有获得对大数据项目进行投资的回报。而人工智能则可以为这些数据项目提供支撑，并使数字项目的价值凸显出来。

之前，由于人工智能学习曲线陡峭、技术工具不成熟等因素，导致很多公司与大数据项目有脱节。在日渐激烈的竞争环境中，这些公司面临着更大的挑战。

现在，随着人工智能的实用性加深和应用场景的成熟，一些公司正在重新思考他们在数据层面的战略。他们开始讨论正确的决策方向，例如，如何才能使公司的流程更有效率，如何才能实现数据提取的自动化等。

至此，尽管在人工智能发展的进程中，一些公司在数据方面取得了一些进步，但他们仍面临着诸多挑战。例如，很多类型的人工智能需要大量标准化的数据，并且还要把偏差和异常的数据"清除"掉，才能保证输出的结果不存在不完整或有偏见的数据。而这些数据也必须足够具体才能有用，但在个人隐私保护得足够好的环境下，又很难收集足够具体的数据。

银行业务流程就是一个典型的例子。在一家银行里，各个业务线都有自己的客户数据集，其中，不同部门的数据格式也不尽相同。但要想让人工智能系统识别出提供最多利润的客户，并为如何找到更多这样的客户提供建议的话，系统需要以标准化的、无偏见的形式访问各业务线和各部门的数据。

因此，银行收集的数据不应该被清理掉。因为这些数据意义重大，银行完全可以通过数据的合成，使银行的利润最大化，让业务流程更加科学、严谨。

综上所述，公司内部数据对于人工智能与其他创新科技来说意义非凡。但随着数据采集的发展，市场中就诞生了第三方供应商，他们会更多地采集公共数据资源，将其合成数据湖，为各个公司使用人工智能打好数据基础。

随着数据变得更有价值，合成数据等各种加强型数据学习技术的发展速度会越来越快。在未来，人工智能的发展可能不需要再费时、费力采集大量的数据，只需要将原有的合成数据辅以精确的算法就可以达成目标。

4.1.3 "泛在智能"大行其道

在人工智能的发展进程中，其发展重心不是一成不变的。如今，人工智能已经是新阶段产业变革的核心驱动力，应用场景也越来越多元化，可谓实现了"泛在智能"。下面我们通过 3 个实际案例展示"泛在智能"的魅力。

1. 汇丰银行引入人工智能以防止金融犯罪

经统计，在过去 10 年里，仅在英国，其银行领域每年就需消耗 50 亿英镑（折合人民币约 444 亿元）来打击金融犯罪。因此，相关部门发布消息称，汇丰银行正计划通过人工智能来预防诈骗、抢劫等金融犯罪的发生。通过人工智能的支撑，银行在处理相关问题时，效率明显提升，并且与人工处理相比，成本也在降低。

金融行为监管局金融犯罪部门负责人罗布·格鲁佩塔表示，银行寄希望于角落里的机器查清犯罪者，但人工智能能更好地帮助我们实现目标——保持金融系统干净。

2. 微软用人工智能帮助航运业网络运营升级

据报道，微软亚洲研究院与东方海外航运展开了合作。他们通过对人工智能的研究，改善了航运行业的网络运营，加快了其业务的转型升级。

微软方表示："正常来讲，微软成熟的人工智能应用是将技术、商业模式与用户体验融合。但是在航运网络运营的应用中，是微软不熟悉的领域，对我们来讲也是不小的挑战。因此，两方将携手合作，运用深度学习和强化落实技术，优化现有的航运操作。"

航运方表示："我们希望通过与微软的紧密合作，利用人工智能与创新科技，推动航运业实现升级转型。并为我国的顶尖技术人员搭建交流平台，借助先进技术及预测分析和满足人们的需求。"

3. 广东政府用人脸识别帮助 700 多名流浪者回家

广东政府曾经发起了一项爱心活动——帮助全省范围内的流浪、乞讨、滞留人员寻亲返乡。其寻亲方式主要是通过新闻、电视、移动手机软件等渠道发布公告，协调公安机关通过指纹、人像比对等查找线索。

受助人员中有存在精神疾病与智力残疾的人。他们通常无法正常表达与书写，这就体现出了基于人工智能的人脸识别技术的优势。工作人员只需对受助人员的照片"刷脸"，大数据就会筛选出形似人员的身份信息。根据这些信息，工作人员可以顺藤摸瓜，帮助受助人员找到亲人。

在将近 3 个月的时间里，政府就成功帮助 700 多名受助人员找到家人。在此过程中，人脸识别技术是"功臣"。

纵观以上案例，在各个领域、行业中，人工智能都在不断深化。人们也能切实地感受到人工智能所带来的高效与便捷。因此，人工智能在与各行各业的快速融合进程中，助力了行业多元化、智能化的转型升级，在全球范围内引发全新的产业浪潮。

4.1.4 胶囊网络：抵御对抗性攻击

众所周知，深度学习推动了人工智能的应用，而胶囊网络的发展会使人工智能迈向更高的台阶。"胶囊网络"概念是由深度学习界的领航人 Geoffrey Hinton 于 2018 年在发表的论文中提出的，它指的是在计算机视觉领域，一种将会对深度学习产生深远影响的新型神经网络结构。

现如今，深度学习中最普遍应用的神经网络结构之一就是卷积神经网络（以下用 CNN 表示）。但在目前的应用场景中，CNN 还存在不足——它在处理精确的空间关系方面准确度不高。例如，CNN 在人脸识别的应用场景中，即便将人脸图像中嘴巴与眼睛的位置调换，它仍会将其辨识为正确人脸（如图 4-3 所示）。借此漏洞，有些"黑客"就可以通过制造一些细微变化来混淆它的判断，以此来给公司或个人造成巨大的损失。

图 4-3 卷积神经网络识别"错误人脸"

经过很多的测试得出结论——"胶囊网络"在对抗复杂攻击方面，比如篡改图像以混淆算法上，完全优于卷积神经网络。虽然目前在全球范围内，"胶囊网络"的研发还处于初级阶段，但它的发展很有可能会对目前先进的图像识别方法进行全面颠覆。

业界人士都熟知，"胶囊网络"早已被公认为是新一代深度学习基石的神经网络。下面将系统地介绍"胶囊网络"这匹人工智能的"黑马"，在未来如何抵御对抗性攻击。

对人工智能发展历史有了解的人们可能清楚，Hinton 的主要功绩就是他在深度神经网络上的研究，正是这项研究使得他被大众所熟知。早在 30 多年前，他发表的关于深度神经网络的论文就标志着反向传播算法正式被引进深度学习，这对人类社会在人工智能应用方面有着重大的意义。

反向传播的原理很好理解，就是当数据在正向传播过程中，在输出层得到有误差的参数时，流程节点就会反向传播，让误差可以被隐藏层感知到，再由隐藏层的权重矩阵帮助误差进行更新。这样反复迭代，就能将多层神经网络的误差降到最小。有此技术的支持，当时的 CNN 展现出了前所未有的性能。

这种分层学习的认知方式，与人类大脑的思维方式相似度极高。这也是当时 CNN 在计算机视觉处理层面被应用最多的深度神经网络结构的原因。但是，由于反向传播的天然缺陷，CNN 存在着黑箱性、高消耗、迁移能力差等诸多问题。这也是为什么学界和产业界，一直在寻找新一代的深度神经网络结构。

"胶囊网络"弥补了目前网络在图像识别上表现不够好的漏洞。其中，"胶囊"代表的就是图像中特定实体的各种特征——位置、大小、方向、色调等，它们作为单独的逻辑单元存在。然后，再通过特定的路由算法，使"胶囊"将学习、预测到的数据传递给更高层的"胶囊"，随着该流程的不断迭代，就能够将各种"胶囊"训练成不同思维的单元。例如，在面部识别过程中，"胶囊"就可以将面孔的不同部分分别记忆与识别。

综上所述，"胶囊网络"在抵御对抗性攻击的能力方面对传统的 CNN 有较大影响。甚至在其技术的支撑下，开发团队还提出了一种与攻击相对独立的检测技术——DARCCC，它不仅能够识别出原始图像和攻击生成的图像的分布误差，还能有效辨别出"对抗图像"，防止系统被攻击者欺骗而产生错误分类。

如果说卷积神经网络是现阶段人工智能所仰赖的基石，那么"胶囊网络"显然正在将这一信仰推翻。但是"胶囊网络"要想在实际应用中完全取代 CNN，未来还有很多特殊问题亟待解决。从发展角度看，我们需把"胶囊网络"当作一个思路，与现有的深度学习模型相结合，来进一步地完善人工智能的基石。

就像"胶囊网络"一步步取代 CNN 一样，只有站在"前人"的肩膀上前行，才能让人工智能成为人类博弈未来的武器。

4.2 面对人工智能，公司要如何做

在这个科技高速发展的时代，人工智能已经融入多个领域。它重建着各领域的商业模式，也渗透到人们的日常生活中来，例如制造业、银行业、医疗业等。人工智能是对人类的思维方式的模拟，使公司在发展过程中，逐渐受到人工智能的影响与颠覆。

传统公司在人工时代取胜的关键因素就是绩效。随着人工智能的出现，它将会给公司绩效的制定与落实带来更高的要求。所以，在人工智能时代，公司的智能化、数字化转型是必要的。

4.2.1 依靠智能定制芯片占据市场

传统公司要想转型，离不开智能定制芯片。本节我们将以家电公司格兰仕为例，介绍传统公司是如何在人工智能时代依靠智能定制芯片占据细分市场的。

随着人工智能的兴起，家电市场对智能定制芯片的需求量大幅增加。目前，我国的很多高智能芯片依旧来自国外，但要想快速驱动家电公司的创新发展，家电公司需要重视芯片技术开发与软件技术开发的协同前进。前者为后者的智能化

生产提供市场保障，而后者为前者提供技术支持。

格兰仕是一家在家电领域拥有世界级排名的公司。它在我国广东地区拥有国际领先的微波炉、空调等家电研究和制造中心。前不久，格兰仕就推出了物联网芯片，并将它配置于其 16 款产品中（如图 4-4 所示）。此项举措标志着格兰仕着手传统制造的转型升级，正式向智能家电公司和更有前景的智能领域迈进。

图 4-4　格兰仕芯片微波炉

格兰仕集团对待智能领域的态度是，在智能物联网时代，他们不会以电脑、手机等通信设备的芯片为中心，而要创新技术架构。因此，格兰仕选择与一家智能芯片制造公司合作，为格兰仕家电设计出了一套专用的高性能、低功耗、低成本的芯片。据介绍，它们所创造出来的新架构，在相同制程中，比英特尔、ARM架构芯片速度更快、能效更高。

格兰仕的高层还曾在采访中表示，格兰仕开发的专属芯片，不只用于各种家电场景，还可用于服务器。由此，就可以创造出格兰仕家电特有的生态系统，让家电更加高效、安全、便捷地实现智能化。

格兰仕实现了从传统制造向智能化转型的第一个跨越。要全面实现智能化公司的转型，格兰仕还需要加强软件方面的探索。为此，格兰仕与一家德国公司进行了边缘技术方面的合作，将芯片与软件协作控制的人工智能应用到家电产品中。

从实践中看，相比于云计算，格兰仕的边缘计算更接近智能终端，其数据计算的安全性与效率也比较高。

未来，由于市场竞争的愈发激烈，为了占领更多的细分市场，格兰仕集团透露将在其计算服务云中部署大型人工智能系统。争取在同一个平台上完成对生产、销售、售后服务等流程的全面管理，实现从"制造"到"智造"的转变，推动公司利润的快速增长。

然而要研发出智能定制芯片，公司不仅要拥有强大的资本，还需要技术与时间积累。对我国传统制造公司来讲，它们在智能化转型的道路上还有很多挑战需要面对。

4.2.2 打赢数据源之战，提升竞争力

传统公司想要在数据层面进行智能化转型，需要掌握一手数据源。从我国注重发展科技浪潮开始，人工智能领域就逐渐走向了科技发展的前沿地带，引领着我国各个行业、领域的发展趋势。其中，人工智能领域中大数据的地位，更应该引起业内人士的思考。

一位金融领域的专家曾经提到，"人工智能关键的是有效的数据源，其次是算法，再往后端一点是应用。"的确，目前我国人工智能的发展在应用端很有优势，其应用场景与数据采集空间相对较多。但我国在算法及关键数据源层面却有很大的成长空间。

所以，我国传统公司要想在人工智能转型升级的竞争中保持领先，首要的就是发展技术和数据。以技术为切入点，掌握好数据源，建立竞争的壁垒。

在人工智能领域的"厮杀"中，为何需要建立竞争壁垒？其中，我国的大数据应用又起到什么样的作用？这两个问题就需要从人工智能的各个细分市场入手

进行介绍。

每当人们谈到人工智能，首先想到的一定是机器人与无人机（智能无人机如图4-5所示）。但殊不知，在业内研究人员看来，人工智能目前已经参与智慧交通、无人驾驶、智慧电厂、智慧医疗、智慧金融等诸多领域。而无论是其中哪一个领域，都有一个共同而基础的需求——稳定的大数据。

图4-5　智能无人机

在人工智能的基础层，主要分为3个部分——芯片、算法、大数据。芯片与算法的重要程度已经在前面介绍过，而大数据从某种角度来说，就是高阶形态的人工智能的前身，这也同样意味着公司的竞争能力就是建立在对大数据的掌控能力基础之上的。

一家知名数据工具公司——神策数据创始人桑文峰在其书中指出："如果数据出现偏差，人工智能发展方向就会'误入歧途'"。所以，掌握数据源及与提供精准数据的数据分析公司合作，成了传统公司进入人工智能领域的必然选择。与数据工具公司合作的目的有两个：一是要奠定公司数据的基础，避免因数据处理不清晰使公司发展路径出现偏差；二是数据工具公司可以为人工智能公司提供丰富的应用场景，让人工智能价值充分体现出来。

最后，公司要掌握一手的数据源，最重要的就是要注重以下几个关键环节的落实。

（1）收集数据时，注重全面性与时效性。

（2）分析和采用数据时，要注重数据的准确性与有效性。

（3）数据量上下浮动时，应注意及时应对。

（4）在采集数据时，注重客户的隐私和数据安全。

以上就是在人工智能时代，传统公司如何通过掌握一手数据资源，提升公司竞争力的内容。

4.2.3 打开人工智能的"黑匣子"

随着对人工智能领域的深入探索，人们心中始终会有一个顾虑——人工智能的失控。虽然从目前的阶段看来，人工智能还依旧在人们的掌控范围内。但人工智能出现过令人费解的行为，这也导致了领导者和消费者对其保持谨慎的态度。所以，公司在研究人工智能时必须打开它的"黑匣子"，使其行为能够被解释。

要想真正意义上对人工智能做出解释，公司需要建立一套完整评估业务内容、业绩标准与声誉评价问题的框架。因为这些因素全都决定着人工智能的解释程度。

在很多科幻、惊悚电影里，人们常常将人工智能渲染得神秘又恐怖。例如，人工智能凭自己的思想制作生化武器，人工智能不受控制并想驱逐人类等。但其实，现阶段存在着一个很现实的问题——至少现在的人工智能并没有想象中的那么"聪明"。

在发展前期，人工智能可以帮助公司进行简单的图像识别，或是将复杂、烦琐的工作自动化。人工智能发展到现在，可以帮助人们在决策方面做出最优选择。以下围棋为例，在前期，开发者只有给人工智能程序提供大量的历史数据才能让它学会下围棋。但现在，开发者只需要向人工智能提供游戏规则，它就能在几个小时里熟练掌握下围棋技巧，并所向披靡。

对此，人们不禁会思考，人工智能的决策力高于人脑会不会让以上恐怖幻想成为现实。其实并没有，人工智能"不够聪明"的点就在于它依然只能遵循人类设计的规则。如果开发人员给予其适当的设计，人们就完全可以安全地利用其能力。

尽管人工智能目前在人类控制范围内，但它却常常不被理解。有两个原因导致这种情况：一个原因是其算法超出了人类的理解范畴；二是人工智能制造商对项目进行保密。所以，在这两种情况下，当人工智能顺利运作或做出决策时，在用户眼里，它依旧是一个"黑匣子"，因为无法理解它的工作原理，所以用户无法从根本上信任它。因此，可能会因为人们的不信任，而限制了人工智能的运用。

在人工智能时代，公司要想成功运用人工智能实现数字化、智能化转型升级，就必须做到以下几点。

1. 打开"黑匣子"

据调查显示，未来公司将面临来自用户或合作者的监察压力。所以，公司需要打开人工智能的"黑匣子"，提升其工作流程及算法的透明度。同时，想要发展人工智能的公司也要深入学习新技术，以便帮助用户理解人工智能算法概念。

2. 权衡利益

公司对人工智能做出合理解释，其付出的代价和获得的收益是双向的。和任何流程相同，在对人工智能系统的每个工作环节都进行记录和说明时，公司需要付出的代价就是效率会减少、成本会上升，但获得的收益就是该人工智能系统获得用户、投资人等利益相关者的充分的信任，减少市场风险。

3. 建立关于人工智能解释能力的框架

人工智能的可解释性、透明度和可证明性是在一个范围之内的。公司如果能建立一套完整评估业务内容、业绩标准与声誉评价问题的框架，就可以使其在一定的范围内做出这些方面的最优决策。

综上所述，人类在人工智能研发与掌控的道路上有困难，也有机遇。希望在未来，在安全的基础上，我们能利用人工智能给日常生活带来更多的便利与享受。

价 值 篇

感受人工智能的魅力

· 第 **5** 章 ·

人工智能在生活上的价值

> 网上经常有某公司召开智能产品发布会、人工智能再次取得重大突破等报道。在生活中，人工智能的身影也随处可见，例如智能音箱、虚拟试衣间、扫地机器人等。可见，人工智能已经延伸到生活的方方面面，让生活更加富有创意。

5.1 智能产品丰富民众的生活

如今，以智能音箱为代表的智能产品已经"入驻"寻常百姓家，并且不断地刷新人们对智能生活的认知和体验。智能生活的发展势头十分迅猛，很多公司为了促进消费，提升自身竞争力，都想方设法地让自己的产品与智能生活挂钩。

5.1.1 扫地机器人

现在的社会，人们需要越来越多的时间去做想做的事情，实现想实现的梦想，见想见的朋友。在这个时间愈发宝贵的时代，可以帮助人们节省时间的产品势必会突出重围。作为一个可以节省清洁时间的产品，扫地机器人已经成为很多家庭的必备工具，如图 5-1 所示。

图 5-1　扫地机器人

人们只需要点击手机屏幕，就可以对扫地机器人进行远程操控，之后它就会自主地进行清洁工作。扫地机器人的工作原理来源于无人驾驶的传感技术，它能够自主绘制清洁地图，并智能地对清洁工作做出规划。而且根据相关测试，扫地机器人的清洁覆盖率已经达到了 93.39%。

在智能生活方面，除了扫地机器人以外，烹饪机器人、聊天机器人、擦窗机器人等也是人们的得力助手。例如，人们只需要为烹饪机器人输入美味佳肴的烹饪程序，并设置翻炒、自动添加调料等功能，不用多长时间就可以吃到美味的饭菜。

如果公司想在扫地机器人这片蓝海中获得发展，就必须开发出独具特色的清洁解决方案。当然，公司也可以扩大范围，入局智能生活，整合其他云端服务，例如快递接送、语音控制等。

5.1.2　智能音箱

智能音箱是智能生活的入口。随着人工智能的迅猛发展，各种功能各异的智能音箱如雨后春笋一般落地生根，进入千家万户。现在人们都戏称智能音箱是生活中的"大玩具"。从目前的市场发展状况来看，智能音箱有 4 个显著功能，如图 5-2 所示。

图 5-2　智能音箱的 4 个显著功能

语音交互是家庭化智能音箱的基础功能。人们可以借助智能音箱进行语音点歌，或者通过语言交流进行网上购物。这样的交互手段会大幅提升交流和购物的效率。在本质上，智能音箱的语言交互和 iPhone 的 Siri 功能一致。我们既可以向智能音箱寻求知识，也可以和智能音箱开玩笑，调节枯燥的生活。

控制家居是智能音箱的硬性功能。智能音箱类似于万能的语音遥控器，它能够有效控制智能家居设备。上午当室内光线太强时，我们告诉智能音箱微调一下智能窗帘，它就能够立即做到。冬天的夜晚，当室内的温度偏低时，智能音箱就会自动控制空调，使室内的温度适合人的作息。

生活服务是智能音箱的核心功能。借助智能音箱，我们可以迅速查询天气、新闻及周边的各类美食与酒店服务。另外，智能音箱还提供一些实用的功能，例如计算器功能、单位换算功能及查询汽车限号功能等，这些功能都可以方便我们的生活。

播放视听资源则是智能音箱的娱乐功能。智能音箱借助互联网，能够与各类视听 App 相连，我们能够以最快的速度了解到最新的资讯。如果要听到好听的音乐，智能音箱会智能连接网易云音乐，智能推送现在流行的音乐，或者根据我们的需求，智能推荐曲风类似的歌曲。如果要获得有趣的内容，智能音箱也会立即连接喜马拉雅 FM 电台，从而为我们播放新鲜、有趣的资讯。

智能音箱的打造需要不断满足用户的真实需求与核心诉求，这样才能够化腐朽为神奇，真正成为智能生活领域的佼佼者。作为智能音箱的主要消费市场之一，我国的智能音箱发展前景比较广阔。对于各互联网公司来说，如此巨大又美味的蛋糕，怎么能不想方设法分一口呢？

5.1.3 虚拟试衣间

之前，虚拟事物只是偶尔出现在生活中，并没有产生太大的冲击力。现在借助人工智能，虚拟试衣间可以为人们带来与众不同的试衣体验。以"试衣魔镜"为例，它可以让人们沉浸在虚拟的画面中，为人们营造一种身临其境的感觉。

"试衣魔镜"具有虚拟试衣、体型调整、图片分享等众多功能，可以帮助人们减少重复脱换衣服的麻烦。此外，"试衣魔镜"还可以让人们体验不同风格、不同款式、不同颜色的衣服，让人们做一回真正意义上的"主角"。

"试衣魔镜"有四大特点。首先，快速试衣。在"人体测量建模系统"的支持下，人们只要在"试衣魔镜"面前停留三到五秒钟，它就可以获得人体 3D 模型，以及详细精准的身材数据。而且这些数据还会被同步到"云 3D 服装定制系统"中。

其次，衣随人动。"试衣魔镜"能够以最快的速度将衣服穿在人们身上，效果展示在大屏幕上，人们可以立即直观地看出衣服是否适合自己。而且"试衣魔镜"会 360° 无死角地向人们展示试衣效果，这样人们就能够感受到前所未有的试衣快感。

然后，智能换衣。人们站在"试衣魔镜"面前，只需要挥一挥手，就能够自由地切换不同的衣服。之后，"试衣魔镜"会迅速展示穿好的效果。这种智能换衣的方法，能够大幅提升换衣的效率，也能够让人们有更多的思考和体验。

最后，试穿对比。不同的衣服有不同的效果。但是人们往往优先选择最近试穿的衣服，而会较快忘记之前试穿的衣服。基于这一特点，"试衣魔镜"会自动保存穿好衣服后的高清图片。当人们难以选择时，它会展示出好看的几张图片。通过效果对比，以供人们做出最好的选择。另外，人们还可以将图片分享给朋友，这就大幅增加了试衣的乐趣。

实际上，随着技术的不断升级，除了虚拟试衣间以外，虚拟偶像、虚拟旅游等也获得了迅猛发展。这些都是公司走向智能化、数字化的强大推动力。所以，对于想要转型的公司来说，必须关注虚拟事物的落地和应用。

5.1.4 智能监控系统

在家里，人们的财产安全可以得到保障，能够享受到惬意的生活，但是偶尔也会出现一些安全问题。智能监控系统的设置，能够使人们的生活更安全。

智能监控系统不仅能够实现家居产品的智能控制，还能够进行全天候无死角地安防监控，从而有效保障人们的生命安全及财产安全。一般来说，一套完善的智能监控系统有 4 项必备的功能，如图 5-3 所示。

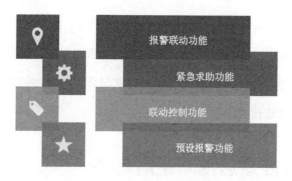

报警联动功能

紧急求助功能

联动控制功能

预设报警功能

图 5-3　智能监控系统 4 项必备的功能

报警联动功能非常智能、实用。居民安装门磁、窗磁后，能够有效防止不法分子的入侵。因为房间内的报警控制器与门磁、窗磁有着智能连接，如果有异常的、不安全的状况，报警控制器就会智能启动警号，提醒居民注意。

紧急求助功能有利于室内人员向外逃生。过去，特别是在冬天的晚上，极易出现煤气泄漏问题，会威胁居民的生命安全。人工智能时代，室内的报警控制器能够智能识别房间内安全隐患，并智能启动紧急呼叫功能，及时地向外界发出信号，请求救助。这样就能够将伤害降到最低。

联动控制功能就是智能切断家用电器的电源。当居民外出时，有时会忘记关掉某些电器的电源。例如，在外出时，电磁炉上烧了一锅水，本来预计很快回来，但是有事情耽误了，或者忘记了，这样轻则把水烧干，把锅烧坏；重则会发生严重的漏电事故，甚至会引发火灾。联动控制功能可以智能断掉一切具有安全隐患的电源，使人们的家居生活更加安全。

预设报警功能就是直接拨打经济求助电话进行报警。当家里的老人出现意外，需要紧急求助时，智能监控系统就会立即拨打 120。另外，如果有不法分子入室抢劫，则可以通过预设报警功能直接拨打 110 进行报警。这样人们的财产损失和生命安全损失将会降到最低。

综上所述，智能监控系统已经成为人们的好帮手，能够全天候监控，360°无死角巡航。而且监控画面清晰，能够充当家庭的智能侍卫。同时，智能监控系统还可以与手机相连，即使人们不在家，只要拿起手机，就能够随时看到家里的情况，可谓是"把家放在身边"。

5.2　智能家居创新生活方式

21 世纪，信息大爆炸，5G 手机、智能音箱、无人超市、机器人等新兴事物也在以惊人的速度充盈着人们的生活。基于这种趋势，人工智能在生活中的应用越来越广泛，甚至已经成为一个为人乐道的热门话题。那么，接下来就具体叙述人工智能如何改变生活。

5.2.1 刷脸支付成为现实

人类的消费史，也是人们支付方式、消费方式不断创新演变的发展史。远古时期，我们的祖先不知消费为何物，过着集体狩猎的生活。在那个茹毛饮血的年代，大家聚集在一起，过着"有福同享、有难同当"的原始"公有制"生活。

随着生产力的发展，私有制度出现，家庭诞生，消费行为也就诞生了。最早的时候，人类的消费方式是原始的物物交换。例如，用一只羊可以兑换别人的10袋大米。只要双方约定好，能够互相满足需求，那么这样的交易就成立。

随着社会的发展，人类逐渐使用贝壳、金子等作为产品交换的一般等价物。后来，金子和银子就成为主要的支付货币。

近代社会，由于交往的扩大，金子不好携带，人类又逐渐使用起了支票和纸币。可是无论怎么变，人类的支付方式都是"有形的物品"。无论是贝壳、金子，还是支票、纸币，这些都是能够看得见、摸得着的实物。

可是随着银行卡的出现、支付宝的发明，支付方式也发生了重大的变化。由原来的有形货币支付，转变为无形货币支付。这对支付方式是一次有力的变革，使支付更轻松、安全，也推动了移动支付时代的到来。

移动支付虽然作为一种新兴的支付方式，但在社会上却引起了广泛的影响力。有些能够跟得上时代的老年人，甚至都会用支付宝或者微信来进行支付。在人工智能时代，随着云计算技术的发展，视觉识别技术的发展，刷脸支付也逐渐成为社会现实。

刷脸支付与目前的支付宝支付、微信支付相比，会更加智能化、高效。我们每次用支付宝支付时，还要拿出手机扫二维码。如果网速慢的时候，网会特别卡，影响我们的支付效率，但刷脸支付就不一样了。我们只需要在第一次使用时把相关的程序都设置好，以后进入无人超市，就可以即买即走，走后自动扣款，省了许多麻烦，也提高了购物效率。

综上，刷脸支付也必将凭借着更高效、更便捷、更智能化的特点逐渐成为时代支付方式的主流，也必将引起支付方式、消费方式及生活方式的巨大变革。

5.2.2 超市无人化，打造购物新体验

随着移动互联网的提升、物联网的逐渐进化、人脸识别的突破及第三方支付的日益便捷化，无人超市也逐渐出现在大众的视野内。之前，无人超市的发展还处于兴起阶段，并非全方位的无人超市，只能做到无售货员结账、无推销员介绍产品。在现阶段，消费者可以自由进入无人超市，随拿随走，走后系统会立即通过智能系统扣费。

无人超市是新时代、新技术下的新产物，与原来的实体零售相比，无人超市具有显著的优势，具体如下：

（1）无人超市不设售货员、收银员等岗位，大大节省了人工成本；

（2）无人超市环境幽雅，顾客能充分感受到无干扰的、自由化的购物体验；

（3）无人超市无须排队付账，随拿随走，使购物越来越便捷，越来越简单；

（4）无人超市的机械化、自动化、智能化程度不断提高，成为时代的新潮流。

这里，我们以淘咖啡为例，具体说明无人零售的流程。淘咖啡整体占地面积达 200 多平方米，是新型的线下实体店，至少能够容纳 50 名消费者。它科技感十足，自备深度学习能力，拥有生物特征智能感知系统。

在淘咖啡店内，消费者在不看镜头的情况下，也能够被智能地识别。通过配合完善的物联网（IoT）支付方案，淘咖啡能够为用户创造更完美的智能购物体验。消费者到淘咖啡买东西的程序也很简单，具体步骤如下。

当消费者第一次进店时，只需要打开手机端淘宝，扫码后即可获得电子入场码，之后就可以进行购物。在淘咖啡购物和在商店购物并没有太大区别，也是可以不断挑选货物、更换货物，直到满意为止。但是在离开之前，消费者必须经过一道"结算门"，如图5-4所示。

图 5-4　淘咖啡的结算门

淘咖啡的结算门由两道门组成，第一道门在感应到离店需求之后，就会智能自动开启。几秒钟后，第二道门就会开启。在这短短的几秒钟内，结算门就已经通过各种技术的综合作用，神奇地完成扣款。当然，结算门旁边的智能机器会为消费者提供提示，它会说："您好，您的此次购物，共扣款××元。欢迎您下次光临"。

无人超市的优势还不止于此，其智能系统也能够达到智能销售的目的。例如，当消费者拿到产品时，会不由自主地展示出相应的面部表情。另外，也会展现出不同的肢体动作。也许消费者自己还未在意，但是智能扫描系统却能够捕捉他们的所有动作，从而了解他们的消费习惯或者喜欢的产品。之后，智能扫描系统就会指导公司对货品进行合理摆放。

当积累了足够的数据和信息之后，智能系统还能够帮助无人超市进行更精确的产品推送，会使无人超市整体服务效果更好。当然，无人超市也不是万能的，也会有属于自身的缺陷。例如，与优秀的售货员相比，它确实会显得没有太多的人情味。

因此，对于未来无人超市的想象，要考虑到消费者体验和消费者感受。人工智能再智能，也很难做到完全了解人性，以及对消费者的心理进行洞察和体恤。在开发初期，无人超市确实会有一些瓶颈，可能会出现一些失误，但是整体上还是瑕不掩瑜的。相信随着技术的不断升级，无人超市将由一枝独秀变为遍地开花。

5.2.3 无人驾驶大行其道

无人驾驶汽车是智能汽车的品种之一，主要工作原理是通过智能驾驶仪，配合计算机系统来实现智能无人驾驶。具体来看，无人驾驶汽车综合了各方面的人工智能，特别是视觉识别技术、超强的感知决策技术。无人驾驶汽车的摄像头能够迅速识别道路上的行人和车辆，并迅速做出相关决策。它可以像熟练的司机一样来调速，实现完美的汽车驾驶。

在不久的未来，数以万计的无人驾驶汽车会走上大街小巷，走进我们的生活。无人驾驶的火热与 5 个因素密切相关，分别是人工智能的重大突破、汽车电动化的发展趋势、共享出行理念的发展、跨产业的融合，以及法律法规的修订与完善。

无人驾驶为我们的生活带来了诸多便利，主要体现在以下 3 个方面，如图 5-5 所示。

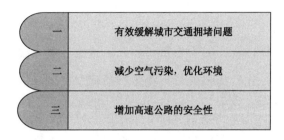

一　有效缓解城市交通拥堵问题

二　减少空气污染，优化环境

三　增加高速公路的安全性

图 5-5　无人驾驶带来的生活便利

首先，无人驾驶汽车将会有效缓解城市交通拥堵问题。

无人驾驶汽车的车载感应器能够与交通部的智能感知系统联合工作，这样可以从全局角度把握各个道路交叉口的实时车流量信息。之后，无人驾驶汽车会根据相关信息，进行实时反馈，调整自己的车速，尽量做到不扎堆出现在同一个十字路口。这样就能够有效提高车辆的通行效率，缓解令人头疼的拥堵现象。

其次，无人驾驶汽车将会减少空气污染，优化环境。

在共享经济时代，无人驾驶汽车将发展成为共享汽车的一部分。如果拼车的乘客越多，那就越能够缓解交通拥堵，同时对环境的优化也会越好。在共享领域，无人驾驶汽车比较容易实现拼车出行，因此能够很有效地优化环境。

最后，无人驾驶汽车会增加高速公路的安全性。

现在世界各国都在努力采取措施，降低高速公路的事故发生频率。无人驾驶要迅速落地，必须解决的是稳定性问题。对于这个问题，滴滴给出的方案是继续发展大数据技术，用最优化的数据方案来处理不稳定性的问题。百度给出的方案是研发智能芯片，让智能芯片作为无人驾驶的智慧头脑。这样在关键时刻，无人驾驶汽车就能够智能应对。方案虽然不一样，但是解决问题的初衷是一致的。

5.3 AI 时代，娱乐有新玩法

生活离不开娱乐，现在的娱乐正在和人工智能完美地融合在一起。例如，很多人和 Siri 聊天，让其播报天气、提示交通信息、预订机票、选择餐厅等。虽然目前 Siri 还不能替代真正的人类，但是对于人工智能，大多数公司都非常乐观，一些经典的应用案例也开始出现，包括室内无人机、现代化玩具、智能语音系统等。

5.3.1 室内无人机为生活添彩

相关数据显示，预计到 2025 年，小型民用无人机的市场规模将超过 700 亿元，航拍及娱乐领域的市场规模将占据其中的 300 亿元。未来，在娱乐领域，无人机，尤其是小型的室内无人机会有广阔的发展前景，将成为智能娱乐的新风口。

在室内无人机方面，翼飞客是一个具有代表性的案例，其成立标志着无人机智能娱乐时代的真正来临。翼飞客不仅拥有全球首家室内无人机 IP 实景主题乐园，还举办全国首个室内无人机竞技赛事，还拥有多款自主知识产权的室内无人机及室内无人机竞技游戏。

由此可见，翼飞客的室内无人机具备鲜明的竞技性。一般来说，竞技性强的产品容易引发大众的跟风购买，从而获得优秀的销售成绩。

另外，翼飞客的战略部署也非常全面。因为无人机娱乐市场正处于蓝海市场，所以翼飞客就能全面地进行目标人群定位，具体包括儿童无人机娱乐、年轻白领阶层的无人机娱乐。这样的人群定位基本上已经锁定了爱好无人机的人群。

同时，无人机的娱乐内容也被分为无人机实训和无人机对战两部分。其中，无人机实训能够培养无人机爱好者的操作能力；无人机对战能够增加无人机竞技的娱乐性。由于无人机娱乐竞技模块巧妙地融入了团队建设，因此如果一些企事业单位要提高自己的团队凝聚力、执行力和战斗力，就可以到翼飞客主题公园进行一次有意义的无人机竞技比赛。这种比赛既有趣、新鲜，有科技感，还会让整个团队的情感得到进一步升华，达到双赢的效果。

在操作方面，翼飞客的室内无人机非常容易上手。用户只要借助 Wifi 信号，通过无线控制器，就能够对其进行遥控，而且其抗干扰性极强，延迟性很低，用户的操作体验很好。优秀设计能够让用户对翼飞客的室内无人机爱不释手，丰富用户的业余生活，还可以使用户的娱乐生活更加丰富、精彩。

室内无人机的诞生必然会推动娱乐领域的发展。翼飞客立足时代，紧跟用户的需求，迅速占领室内无人机市场。除此以外，翼飞客凭借新鲜的娱乐规则和玩法，成为智能娱乐浪潮中的引领者和佼佼者，未来还将取得更大的成就。

5.3.2 人工智能助力现代化玩具

也许很多人不曾想象过，人工智能和玩具可以擦出什么样的火花，但是现在，这样的场景就是真真切切出现了。之前，阿里巴巴旗下的 Aligenie（中文人机交流系统）与青岛的一家儿童机器人公司进行合作，研发出会说话的智能玩具。

托马斯智能火车就是一款能聊天的火车玩具，它能够使用纯正的中文和英文发音讲述不同语音版本的托马斯故事，同时还有正版的中英文儿歌，让儿童在玩耍的过程中学习。托马斯智能火车出自一家和阿里巴巴合作的儿童机器人公司，这家儿童机器人公司专注于开发母婴玩具，而且与不少国际品牌都有合作，IP 资源十分丰富。

这家儿童机器人公司作为一家新兴的"互联网+"玩具公司，自然不愿意错过人工智能这一大风口。该公司希望能够与人工智能深度结合，从而研发出更优秀、更适合儿童发展的智能玩具，促使儿童智力和其他方面进步。

Aligenie 的主要研发方向是消费级的智能产品，在互联网和人机交互两个方面下了功夫。而托马斯智能火车能够进行交流、实现人机互动的创新功能恰好符合 Aligenie 的需求，其丰富的 IP 资源更是具备巨大的发展潜力。经过慎重考虑，Aligenie 与这家儿童机器人公司达成合作，决定一起研发儿童智能玩具，于是，新版托马斯智能火车应运而生。

这款火车借助 Aligenie 拥有了更多智能化的功能，不仅能实现旧版托马斯智能火车讲话、聊微信的功能，还具备了交流的功能。例如，当使用者对新版托马斯智能火车说"过来"之后，它就会自动开到使用者面前，这个功能非常简单、方便。

无论是新版托马斯智能火车，还是旧版托马斯智能火车，都是人工智能在玩具领域实现商业落地的表现。随着这样的商业落地不断增多，人工智能将获得越来越多的关注，资本也会越来越倾向于这个领域。

5.3.3 Lyrebird：致力于研发语音系统

出于迎合人工智能时代的需要，Lyrebird 打造出一款神奇的智能语音系统。这款智能语音系统可以智能分析录音、对应文本，并且将两者关联。同时，它能够在 1 分钟之内模仿听到的人声，而且还可以同时模仿多种声音，并展开一段有趣的对话。

Lyrebird 的智能语音系统能够展现"人的声音"。虽然仔细听起来还是与人声有一定的差别，但是却比冷冰冰的机器语言要好出上百倍。借助人工智能，Lyrebird 的智能语音系统在学会并模仿了几个人的声音后，再模仿任何一个新对象的声音都会变得更快。也就是说，它可以花更少的时间，以最快的速度和最高的质量捕获人的声音的核心特点。

目前，Lyrebird 不仅能够用来改进个人 AI 助手、AI 音频书籍，还能够帮助盲人进行智能阅读。它对人们的生活会有很大的帮助。但是，它最有趣的功能还是为人们带来更多的娱乐效果，其核心功能之一就是能够模仿明星、名人说话。

例如，如果你是韩雪的粉丝，你的智能音箱中又有这样的智能语音系统，那么韩雪的声音将会回响在你的家中。这样的声音要比冷冰冰的机器语音好听，你的生活也会因此更加富有趣味。

如果 Lyrebird 的智能语音系统注入手机，则会给我们的娱乐生活带来更精彩的体验。这样手机的语音系统就能够模仿你喜欢的人，或者你亲近的人的声音。如果你是在异乡工作的年轻人，远离父母，此时附带智能语音系统的手机就能够模仿父母的音调与你交流。听到乡音以后，即使身处异地也会有在家乡的温暖感觉。如果你和恋人相隔两地，把手机的智能语音系统设为恋人的声音，则会感觉恋人就在身边。

可以说，借助 Lyrebird 的智能语音系统，之前那种单调的人机交互方式将得到改善，人们的生活也将变得更加美好。

第**6**章

人工智能在社会上的价值

> 在社会上，AI 产品可以扮演各类不同的角色，也可以拥有强大的功能。可以说，人工智能无处不在，让我们的社会变得更和谐、高效。

6.1 人工智能对媒体产生影响

在 2020 年全球人工智能大会上，中国人工智能学会名誉理事长公开表示，人工智能已经被广泛应用到社会的方方面面，媒体自然也不例外。当前，人工智能已经渗透到媒体领域，并不断创造出了新玩法与新规则。智能媒体出道，新的社交玩法出现，新奇的游戏体验越来越多，人工智能为社会加入了全新的发展基因。

6.1.1 智能媒体的无限可能

"大家好，我叫新小微，是由新华社联合搜狗公司推出的全球首位 3D 版 AI 合成主播，我将为大家带来全新的新闻资讯体验。"一段"未来感"十足的视频播报让人眼前一亮，而播报这段新闻的就是 AI 合成主播新小微。

新小微是怎样诞生的？新小微以新华社记者为原型，采用人工智能"克隆"而成。从外形上看，"新小微"具有酷似真人的形象，甚至连头发丝和毛孔都清晰可见，在立体感、灵活度、交互能力等方面都有很大提升。

与一些依靠动作捕捉技术行动的虚拟主播相比，新小微最大的不同之处就在于它是依靠人工智能驱动的。输入文本后，新小微便能够在人工智能的驱动下，生成语音、表情，流畅地进行播报。同时，在人工智能的驱动下，新小微还能够进行功能的持续自我更迭。随着后期自我更迭，新小微的工作空间会更大，她将走出演播室，在更多的场景中以多样的形式呈现新闻。

除了新闻媒体外，娱乐媒体中也诞生了很多智能媒体。2020 年 7 月，城市虚拟 IP 白素素与一名真人主播共同开启了直播，双方通过对话的方式，介绍了杭州的地域风光，和大家分享了杭州的旅游景点和美食。

白素素来源于杭州相芯科技有限公司、杭州星亿文化艺术有限公司等发起的"城市数字 IP 形象直播项目"。该项目以人工大脑为技术基础，为城市、旅游景区打造虚拟 IP 形象，并利用移动终端、线下智慧大屏等方式实现导流，从而实现基于虚拟 IP 的游戏社交、旅游导览、直播带货等功能。

白素素就是该项目在启动仪式上推出的虚拟 IP 形象，这一形象以民间传说人物白素贞为原型，结合细化的设计，最终成为杭州城市旅游代言人。活动中，白素素与一名真人主播共同开启了直播，在聊天的同时对杭州的风景、美食进行了介绍。直播中，白素素不仅对杭州的景点和美食如数家珍，还向观众展示了自己的舞蹈才艺，让很多观众连连称奇。

当前，越来越多的公司都推出了多样的智能媒体，并通过他们播报新闻、制作短视频、直播带货。在人工智能的支持下，智能媒体将有无限可能。

6.1.2 AI 时代的社交媒体新体验

当前，社交软件 Soul 很受年轻人的喜爱，其突出的特色就是依据人工智能匹配系统打造社交新体验。

Soul 是一款匿名社交软件，人们不需要上传真实照片，也不用透露除兴趣爱好以外的个人信息。Soul 支持人们创建虚拟形象，编辑虚拟身份，在这里，你可以不再是现实中的你。人们在踏入这个虚拟社交社区的时候，可以为自己设计一个虚拟身份，展示自己的个性和才华，不会受到现实身份的牵绊，或物理特征的限制，如年龄、长相、社会地位等。同时，在设计好虚拟形象后，人们需要填写灵魂测试问卷，然后会被分配到 30 个不同的"星球"，结识更多志同道合的朋友。

在社交的过程中，人们可以选择适合自己的标签、录制声音名片等，进一步完善自己的人设。同时，在与别人互动的过程中，人们可以通过发布内容展示自己、获得他人的关注、评论和点赞，可以通过文字、语音、视频匹配等方式与他人进行对话，也可以参加多人语音互动的群聊派对，或者和他人一起玩狼人杀、密室逃脱等游戏。

在人们社交的过程中，Soul 的人工智能算法会根据每个人的信息向其推荐可能感兴趣的人或内容。而这种智能匹配系统也为人们提供了别样的社交体验。

6.1.3 游戏智能化，拒绝操作卡顿

游戏经常出现卡顿一般代表网络链路出现故障。在传统网络中，一旦网络出现故障，就需要网络工程师一一探查网络的各个环节。这意味着工程师需要对几百条甚至更多的线路一一排查，寻找相关信息，再对机房、主机进行具体的检查，这样一套流程至少要花费半个小时。

而腾讯云推出的 Supermind 智能网络在人工智能的加持下，拥有高性能、全

球互联、智能化等 3 大特点，能够充分解决之前游戏卡顿等问题，如图 6-1 所示。

图 6-1　Supermind 智能网络的特点

1. 高性能

腾讯云服务器在物理网卡上实现优化升级，并利用智能网卡 SDN 模块的网络动作层和策略层的分离，将腾讯云主机的网络带宽吞吐提升至少 3 倍。

2. 全球互联

腾讯云在全球超过 21 个地理区域部署 36 个可用区节点，为用户提供全球近 100 路的运营商 BGP 接入和 TB 级的总出口带宽能力，帮助用户实现更好的网络互联。

3. 智能化

利用人工智能，腾讯云 Supermind 智能网络可以在数以万计的线路中找到合理的线路进行智能规划。在人工智能定位的帮助下，线路规划时间缩短到 5 分钟以内，游戏凭据的处理时间降低 75%。

除此之外，人工智能还为腾讯云提供人工智能模式拆解、综合性信息防护等功能，实现从网络设计到运营管理，再到安全监控整个环节的智能闭环。

除了在云平台上保障游戏的顺畅运行外，人工智能也被应用于游戏制作之中，如 EA、SONY 等游戏大厂已经在人工智能游戏引擎、神经网络开发、人工智能操作系统等多方面展开了研究，致力于开发"人工智能+游戏"。

以游戏人工智能引擎为例，游戏人工智能引擎可以帮助开发者简化游戏制作流程，降低制作难度。这样一来，开发游戏的时间缩短，开发者可以将大量时间用在创作新型玩法上，带给玩家更多新奇的体验。

总之，无论是网络构架，还是游戏制作，人工智能都能为游戏带来新的变革。这一方面能够带给玩家更好的游戏体验；另一方面也为整个游戏产业带来开发上的新思路。"人工智能+游戏"的不断融合必定会推动整个产业的蓬勃发展。

6.2 通过人工智能优化治理模式

人工智能不断发展，现在已经能够帮助人们建设城市，优化治理模式。例如，"城市大脑"能够规范城市管理，加强城市的数字化建设；人工智能监控系统可以应用于城市安防管理中，保障城市安全。此外，人工智能还可以应用于社区建设，打造智慧社区。而这些都能够为人们提供更便捷、舒适的社会体验。

6.2.1 "城市大脑"助力城市规划

当前，很多城市都在积极进行数字化城市的建设，其中就离不开人工智能的助力。在进行数字化城市规划时，首先要得到对城市的有效感知，这是进行数字化城市建设的第一步。在过去的感知手段中，通常存在以下 3 个问题，如图 6-2 所示。

为了解决上述问题，顺利打造智能城市，"城市大脑"应运而生。通俗来说，"城市大脑"是一座城市的人工智能中枢。利用阿里云提供的人工智能，杭州的"城市大脑"可以对各个摄像头采集的城市信息进行全局实时分析，自动分配公共资源，达到治理城市的目的。

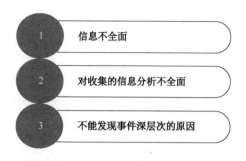

图 6-2　传统城市感知中存在的问题

　　以疏导交通为例，杭州的各大路口都安装了摄像头，成千上万个摄像头共同记录整个城市的路况信息。传统情况下，对路况信息的检测依靠交警，效率十分低。同时，一旦出现交通事故，交警很难迅速找到合适的疏导路线，往往会造成十分严重的拥堵。

　　在"城市大脑"的帮助下，交通图像的处理可以转交给机器。通过视觉处理技术，机器识别交通图像的准确率可以达到 98%，完全可以替代低效的人工监看。当出现交通事故后，"城市大脑"能够迅速找出最优的疏导路线，为救援车辆提供绿灯，方便救援工作及时进行。

　　在测试过程中，试点区域的交通堵塞时间降低了 15.3%；在交通事故的报警率上，"城市大脑"日均报警 500 次以上，准确率高达 92%，为执法出行提高了效率。另外，依据"城市大脑"，杭州交警支队也可以进行主城区的红绿灯调优，提高城市的交通效率。

　　值得注意的是，这份优秀的成绩是在原始硬件设施上产生的。也就是说，"城市大脑"仅仅是对现有数据进行分析和决策就实现了良好的管理效果。很显然，"城市大脑"进一步在数据中学习之后，将会变得更加智能，在城市管理决策中的表现也会更加优秀。

6.2.2 进一步改善公共安防体系

人工智能的迅速发展及其带来的各行业的智能化转变，使人们越来越意识到人工智能从各方面为社会带来的改变。除了规划城市运行外，人工智能在社会公共安全领域也大有可为，为整个城市提供了一张智能防护网。

在国务院印发的《新一代人工智能发展规划》中曾明确提到，要"促进人工智能在公共安全领域的深度应用，推动构建公共安全智能化监测预警与控制体系"。这意味着人工智能在城市安防领域中的应用不仅有巨大的潜力，更有深刻的现实需求。

传统警务模式存在一些急需解决的痛点，如图 6-3 所示。

图 6-3 传统警务模式中的痛点

1. 人户分离

在人口大幅流动的当下，随之而来的是居民和其户口登记地不在同一地区的现象，即"人户分离"。人户分离使户口信息出现滞后，给警务管理工作造成不利的影响，例如在出现案情后，警方无法根据户籍信息找到涉案人员。

2. 情指分离

情指分离是指在传统警务工作中，情报和指挥存在分离的现象，两者往往缺乏相应的联动机制，容易出现因信息交互不畅而造成警力资源浪费等问题。

3. 侦查被动

目前的警务工作依旧以事后取证为主，缺乏事前预防的能力。在犯罪活动日益动态化、暴力化和智能化的背景下，找到提高警务工作的事前预警能力的方法极为重要。

针对传统警务模式中的痛点，旷视公司推出智能安防解决方案，该智能安防解决方案结合旷视自主研发的人脸识别、车辆识别、行人识别和智能视频分析技术，具有"三预一体"的特点，即集网格化预防、智能化预警和大数据预测于一体。同时，该智能安防解决方案支持为安防部门提供立体化防控中典型场景的视频数据服务，其中，包括社区管控、重点场所布控等场景。

利用各种感知终端，例如智能摄像机、智能安检门和智能执法记录仪等，旷视公司的智能安防解决方案能够全面采集社会数据，形成感知网络。在感知网络的基础上，该智能安防解决方案形成"一平台、多系统"的业务模型。

其中，"一平台"是指智能警务调度中心，是一体化的合成作战平台；"多系统"是指根据不同的场景，该方案建立不同的解决方案，能够从网格化预防、智能化预警、大数据预测3个方面（即"三预一体"）解决现有的警务模式短板，如图 6-4 所示。

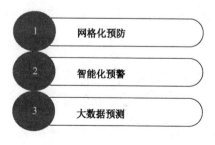

图 6-4　"三预一体"

1. 网格化预防

网格化预防策略体现在网格化的防控体系上。旷视公司针对社区管理的特点，建立智能视频查控系统、重点场所实名管控系统、电子信息侦控系统和认证在线核验系统"四位一体"的全面防控体系。在为网格管理人员提供支持和实时情报上，该网格化防控体系利用动态布控和综合研判分析等技术。

2. 智能化预警

在智能化预警中，有两个主要系统：警用移动人像甄别系统和智能视频查控系统。警用移动人像甄别系统可以和多种警务终端融合，形成具有识别功能的移动警务终端，为警务人员现场确认人员身份等工作提供支持；智能视频查控系统用于一定开放空间中的人员监控，可以实现监控视频的实时分析和人员预警。

3. 大数据预测

通过智能化引擎和视频结构化技术，智能安防解决方案能够对各种感知终端收集的视频数据进行深度挖掘，建立大数据挖掘平台，为安防分析决策提供可靠的预警信息。

旷视公司智能安防解决方案最终目标是"服务实战"，其成果十分喜人。例如，旷视公司设计的人脸卡口项目帮助警方成功抓获百余位全国在逃人员，是全国第一个实战抓住在逃人员的人脸卡口项目；旷视公司设计的静态人脸识别项目是全国见效最快的静态人脸识别项目，在短短一天内破获多起行窃案件，不仅帮助警方成功抓获 5 名犯罪嫌疑人，还成功打掉一个犯罪团伙。

在旷视公司的智能安防解决方案中，核心算法针对安防场景的特点，对人脸、人形和车辆三个安防关键要素的分析采用智能加速引擎和 GPU 计算单元，实现最优搜索和匹配性能，即使在雾霾等恶劣天气下也具有良好的识别性能。

在人工智能的融合下，旷视公司的智能安防解决方案达到"快、准、灵"的目标，给公共安防领域带来极大的便利。由此可见，在建设新型智慧城市、平安城市的道路上，智能安防也是主流趋势。

6.2.3 智慧社区：全方位打造宜居环境

在构建智慧生活的诸多环节中，智慧社区的建设也是十分重要的一环。智慧城市委员会（Smart Cities Council）针对智慧社区提出 3 个核心价值观：宜居性、可行性和可持续性，如图 6-5 所示。

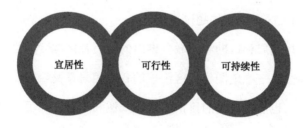

图 6-5　智慧社区的核心价值观

1．宜居性

宜居性指社区生活的便捷、舒适，包括生活环境清洁健康、无城市污染、拥堵现象、城市服务即时可用等方面。

2．可行性

可行性指提供有利的基础设施（能源、基本服务等）的城市，能在全球范围内参与竞争。

3．可持续性

可持续性指建设智慧社区的城市不影响人们子孙后代的发展。

智慧社区的发展是由"供"和"需"两方面决定。在供应方面，数字设备的扩张为数字化的智慧社区的建设提供坚实的数据基础；在需求方面，随着人们生活水平的提高，人们越来越追求更加安全、智能的生活环境，智慧社区成为现实需求。

随着人工智能的发展，人工智能和智慧社区的融合也渐渐有了实际应用，智慧社区的建设初见成效。下面分享几个城市建设智能社区的案例。

在合肥，通过试点先行、智慧管理、打造品牌等措施，"智慧社区"的建设水平有了较大的提升。在全市选取的 5 个社区试点单位中，App 注册人数已经超过3 000 人，发布的社区重大新闻超过百篇。

在重庆，市规划局和市勘测院联合推出的智慧社区综合信息服务平台为人们带来一张三维地图。三维地图将社区治理的各项信息都整合在一起，既能实现精细化的社区管理，也能给居民的日常生活带来便利。

三维地图结合大数据，实现了社区的智能化管理。在杭州，萧山相墅花园小区充分利用大数据、物联网、人工智能等多项高科技，建设了首个"8＋N"智慧社区，大大降低了该小区原本存在的各种安全隐患。

在建设智慧社区的过程中，人工智能能够起到重要作用。利用视觉、数据处理等技术，人工智能能够助力打造智慧社区生态产业链。在智慧社区的建设中，许多地区和公司都做出了示范性的工作，而且也都取得了一定的成绩。当然，随着技术的进一步发展，智慧社区的未来一定是值得期待的。

6.3　发展文化氛围，人工智能来助力

我国的很多政策文件都涉及利用人工智能等新技术发展新型文化的观点。由

此可见，人工智能为文化领域带来了重大的发展机遇和挑战。现在，人工智能与文化领域相结合的案例不胜枚举，但人工智能到底如何才能将自身的作用最大化，帮助文化领域进一步发展呢？本节将从3个层面阐述这个问题。

6.3.1 人工智能催生新型文艺形式

作为新兴技术，人工智能助力文化发展的一大方法自然是从发展新型文艺形式出发的，扩展新时代下的文化内涵。综艺节目《渴望现场》就利用人工智能，用"科技+文艺"的新视角创造了新式的文艺节目。

节目引入中科院人工智能评分系统，把音乐的评判权交给人工智能，解决以往音乐类节目饱受"黑幕说""关系户"等负面舆论侵扰的问题。

人工智能系统"小渴"具有基于深度学习的人工智能算法，对海量音乐专家的评分数据进行了学习分析。"小渴"能够从音准、音域、调性、节奏、语感、乐感六大维度对选手的表现进行评价，将音乐的评分以客观量化的方式展现出来，并以适合电视化的方式进行呈现，增强节目的可传播性。

央视音乐频道副总监秦明新说："《渴望现场》是一种逆向创新思维的产物，我们用'科技+文艺'这样一种客观的模式来评判主观的艺术感受，这是节目创新的出发点和最大亮点。"《渴望现场》的竞演者只有在这套人工智能评分系统获得超过80分的评分，才能站在舞台上接受嘉宾的点评，这就直接避免"黑幕"问题，让音乐评价回归本源。

《渴望现场》和所有的音乐类节目一样，具有专业性和广谱性两个特点。正是人工智能的存在，让《渴望现场》既降低了大众参与的门槛，又保持了音乐的专业性。《人民日报》对此表示高度的肯定："'科技+文艺'的深度结合，以及用音乐讲述选手精彩故事的模式，不但探索了电视音乐节目的创新路径，更丰富了中国故事的讲述方式。"

在《渴望现场》的节目中，人工智能对竞演者的演唱进行评价，竞演者的歌声也为"小渴"提供了珍贵的声音资料，帮助"小渴"更进一步学习音乐。

央视的《渴望现场》为文化行业深度挖掘垂直内容领域树立了行业标杆，也为人工智能与文化领域的融合带来了新思路。

6.3.2 AI 时代，公共文化服务展新颜

随着人们生活水平的提高，人们对精神文化的需求也逐渐增大。然而，在我国的公共文化服务领域，虽然各方面都在逐渐完善，供需不平衡的问题却依旧没有得到根治。若将人工智能应用于公共文化服务领域，会给公共文化服务领域带来供给侧结构性的变革。

人工智能可以从以下 3 个方面智能驱动公共文化服务，如图 6-6 所示。

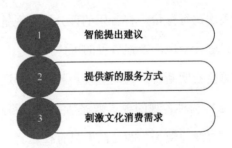

1　智能提出建议

2　提供新的服务方式

3　刺激文化消费需求

图 6-6　人工智能驱动公共文化服务

1. 智能提出建议

人工智能的大数据技术可以根据网络数据分析人们的需求数据，再根据此数据智能提出文化设施的改进和建设。当人们在网上发表相关评价时，人工智能又可收集、学习相关资料，不断优化公共服务方案，这样就可以从根本上解决供需不平衡的问题。

2．提供新的服务方式

除此之外，在文化服务场所增添人工智能机器人也能从服务上带来新的变革。例如，在一些旅游景点，人工智能机器人的出现为文化场所的讲解、服务甚至形象塑造提供了新的途径，也为旅游景点舒缓游客压力提供了新方式。另外，人工智能机器人大大提高了文化场所在运营管理上的自动化程度，节省了人力成本，有助于服务流程的不断优化。

3．刺激文化消费需求

作为新生事物，人工智能本身就会引起人们的好奇，刺激人们的消费需求。当人工智能和文化服务结合在一起时，人们的这种好奇心就会转变成对文化服务的消费需求，进而增加文化公司的收入。

由此可见，人工智能时代可以在供需两大方面同时着手，实现供需两端的无缝对接，解决传统公共旅游服务的痛点，使人民幸福指数得到极大提高。

6.3.3 打造文化作品，形成文化价值

人工智能作为新兴技术，除在技术层面被广泛使用外，其本身已经成为"超级 IP（品牌）"，可以用来创造文化作品，形成文化价值。美剧《西部世界》就是一个成功的案例。

在《西部世界》中，人们制造出以西部世界为主题的主题乐园，这个乐园中的接待员都是人工智能机器人。人类游客可以在其中肆意地释放人性中丑恶的一面，然而机器人的记忆在晚上就会被抹去，因此，机器人会永远善待这些游客。但是，一次人工智能程序的升级导致机器人的自我意识发生觉醒，它们的记忆不再能够被清零，于是开始反抗人类的斗争。

该剧仅播出第一季，就在豆瓣获得 9.4 的高分评价。除去剧作本身的制作精

良的因素之外，以人工智能为故事主线的创意也是该剧获得大众好评的重要因素。由此可见，在文化领域，人工智能这一内容的主题具有足够多的市场活力，将其与游戏、文学作品、主题乐园等多种产业结合，可以创造出好的作品。

除了作为主题内容进行价值开发之外，人工智能也可以为文化产品增加营销效果，最大程度地发挥文化产品的溢出效应。

百度和传奇影业的合作很好地体现了人工智能对文化作品营销的正面作用。在传奇影业对电影《魔兽》进行宣传时，利用百度的"百度大脑"进行营销运作，充分保证了票房的收入。

"百度大脑"利用人工智能中的用户图像识别技术，将电影观众分为 3 类："死忠粉""摇摆人群""不可能人群"。"死忠粉"对《魔兽》具有很强的喜爱程度，不用宣传就会观看电影；"不可能人群"对《魔兽》不感兴趣，无论是否宣传都不会去观看这部电影；"摇摆人群"的消费意愿具有很强的可塑性，是宣传方案真正能起作用的对象。

根据"百度大脑"提供的分类，《魔兽》的宣传组精心制作推广方案，专门针对"摇摆人群"进行宣传。这种方式很好地将潜在消费需求转化为现实的消费需求，票房也提升了 200%，远远超出制作团队的预期。

"百度大脑"利用技术帮助《魔兽》打通原本并非粉丝的受众，让这些原本对《魔兽》不感兴趣的人也去观看了电影，扩大了《魔兽》的影响力。这个案例充分体现了在人工智能的帮助下，文化品牌能够更好地实现影响力扩张。

无论是作为技术支持，还是作为创作主题，人工智能都展现出了自身与文化领域超高的关联度，能够和文化领域达成合作，促进文化领域的进一步发展。与发达国家相比，我国文化领域的价值利润和消费水平还比较低，借助人工智能，有助于突破文化领域的发展瓶颈，实现文化领域的大繁荣。

第 **7** 章

人工智能在商业上的价值

人工智能的迅猛发展正在使商业发生颠覆性变革，并推动了一系列行业的转型升级。例如，在制造、金融、农业等逐渐走向数字化、智能化、自动化的过程中，人工智能发挥了不可磨灭的指引作用，是"领头羊"似的存在。

7.1 人工智能+制造=智能制造

当前，人工智能在制造领域已经有所应用，各种工业机器人、全自动智能生产线层出不穷。人工智能在制造领域的应用能够加速传统制造公司的转型升级，提高公司的生产效率和生产质量。基于种种优势，许多制造公司都引入了人工智能，打造智能工厂、智能质检系统等，实现更深程度的生产智能化。

7.1.1 实现人与机器的互联互通

简单来说，人工智能其实就是"像人类一样聪明伶俐的机器"，将这个机器应用到制造领域，可以帮助公司提升生产和运营效率。与之前追求智能化、自动化的过程相比，实现"人工智能+制造"的过程有着本质上的差异。

智能化、自动化的核心是机器生产，本质是机器代替工人；而"人工智能+制造"不存在谁代替谁的问题，主要强调的是人机协同。也就是说，"人工智能+制造"可以让机器和工人分别负责自己擅长的工作。例如，重复、枯燥、危险的工作可以交给机器去做；精细、富有创造性的工作则由工人来完成。

而且就现阶段而言，还有很多工作必须通过人机协同才可以做好。例如，用机器将产品装配好以后，需要工人来完成极为重要的检验工作，同时还需要为每个生产线配备负责巡视和维护机器的组长，如图 7-1 所示。

图 7-1　组长在进行巡视工作

在工厂中，"机器换人"不是简单的谁替代谁的问题，而是要追求一种工人与机器之间的有机互动与平衡。确实，自从"机器换人"以后，工人结构就发生了很大转变，即由产业工人占主要比重的金字塔结构转变为技术工人越来越多的倒梯形结构。

实际上，在描述人工智能的新趋势时，使用"机器换人"，还不如使用人机协同或人机配合，毕竟在短期内，机器还不会完全取代工人。而且，与机器相比，工人在某些方面有着不可比拟的优势。如今，大部分机器还只能完成一些简单、重体力、重复的流水线工作，面对高精度、细致、复杂的工作，则显得无能为力。而且之前，很多工厂被爆出引入大量机器生产产品，结果好像并不都是那么尽善尽美。

现在的机器还只能完成前端的基础性工作，而那些细致、复杂、高精度的后端工作则需要工人来完成。这也就表示，即使机器生产也有了很大发展，工人还是不能被替代，他们需要致力于精细化生产，完成后端工作。

将机器应用于工厂，是为了使其能够达到甚至超过工人的水平，从而提升生产效率。可以说，人工智能时代的"自动化"是机器柔性生产，本质是人机协同，强调机器能够自主配合工人的工作，自主适应环境的变化，最终推动制造业的转型升级。

7.1.2 360° 质检，产品质量有保障

在产品正式上市之前，公司必须对其进行质检。传统质检主要依赖于人力，这种方式主要有以下3点缺陷。

（1）质检人员的薪酬水平较之前有了较大提升，使得质检成本持续增加。

（2）当质检人员出现粗心、操作失误、走神等情况时，很可能会导致漏检、误检，甚至二次损伤。

（3）在炼钢工厂、炼铁工厂等特殊行业场景，质检人员的安全难以得到保障，可能会在工作中受伤。

如果用智能质检设备进行质检，则完全可以弥补上述缺陷，同时还可以让质检工作更加迅速和统一。在这种情况下，越来越多的智能质检设备开始出现。百度质检云就是其中比较具有代表性的产品。

百度质检云基于百度人工智能、大数据、云计算能力，深度融合了机器视觉、

深度学习等技术，不仅识别率、准确率非常高，而且还易于部署和升级。此外，百度质检云还具有一项非常出色的创新，那就是省去了需要质检人员干预的环节。

除了产品质检以外，百度质检云还具有产品分类的功能。

针对产品质检，百度质检云可以通过对多层神经网络的训练，检测产品外观缺陷的形状、大小、位置等，还可以将同一产品上的多个外观缺陷进行分类识别。针对产品分类，百度质检云可以基于人工智能为相似产品建立预测模型，从而在很大程度上实现精准分类。

从技术层面来看，百度质检云一共具有以下三大优势，如图 7-2 所示。

图 7-2　质检云的三大技术优势

1. 机器视觉

百度质检云基于百度多年的技术积累，实现了对工业的全面赋能。与传统视觉技术相比，机器视觉摆脱了无法识别不规则缺陷的弊病，而且识别准确率也高，甚至已经超过了 99%。不仅如此，这一识别准确率还会随着数据量的增加而不断提高。

2. 大数据生态

只要是百度质检云输出的产品质量数据，就可以直接融入百度大数据平台。这不仅有利于用户更好地掌握产品质量数据，还有利于让这些数据成为优化产品、完善制造流程的依据。

3. 产品专属模型

百度质检云可以提供深度学习能力培训服务，在预制模型能力的基础上，用户可以自行对模型进行优化或拓展，并根据具体的应用场景打造出一个专属私有模型，从而使质检、分类效果得以大幅度提升。

工业是我国现代化进程的命脉，也是发展前沿技术的主要阵地。百度质检云在推动公司降本增效，提升公司竞争力等方面具有很大作用。在人工智能的加持下，百度质检云让制造公司走向了自动化、数字化。

7.1.3 安贝格工厂：打造 AI 加持的智能工厂

作为工业公司的龙头公司，西门子在建设智能工厂上处于领先地位。在西门子的安贝格工厂中，只有四分之一的工作需要人工完成，剩下四分之三的工作都由机器和电脑自主处理。

自建成以来，安贝格工厂的生产面积没有扩大，生产人员的数量也没有太大变化，但产能却在不断提高。在不断提高生产速度的同时，其产品的合格率也得到了很大保证。无论是生产速度，还是生产质量，安贝格工厂都处于世界领先水平。

在安贝格工厂出色的生产成绩背后，有 3 个重要特点，如图 7-3 所示。

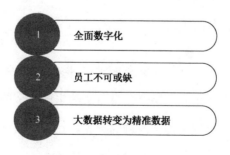

图 7-3　安贝格工厂的特点

1. 全面数字化

安贝格工厂的核心特点是实现全面数字化，其生产过程是"机器控制机器的生产"。

安贝格工厂生产的产品是品牌为 SIMATIC 的可编程逻辑控制器（PLC）及相关产品，这些产品本身具有类似中央处理器的控制功能。利用全方位数字化，产品和生产设备实现了互联互通，保证了生产过程的自动化。

在安贝格工厂的生产线上，产品通过产品代码自行控制、调节自身的制造过程，通过通信设备，产品能够传达给生产设备自身的生产标准、下一步要进行的程序等。通过产品和生产设备的通信，所有的生产流程都能够实现计算机控制，并不断进行算法优化。

除了生产线的自动化，安贝格工厂的原料配送也实现了自动化和信息化。当生产线需要某种原料时，系统会告知工作人员，工作人员扫描物料样品的二维码后，信息就会传输到自动化仓库，接着物料就会被传送带自动传送到生产线上。

从物料配送到产品生产的整个流程中，工人需要做的工作只有一小部分，只占到整个工作量的四分之一。在全面数字化的影响下，安贝格工厂的生产路径不断优化，生产效率也大幅提高。

2. 员工不可或缺

工厂的生产流程已经实现高度的数字化和自动化，但安贝格工厂的员工依旧不可或缺。除了日常巡查车间、检查自身负责的生产环节的进度，员工还需要不断为工厂提出配送生产过程中需要改进的意见。在对安贝格工厂的生产力具有促进作用的因素中，员工提出改进意见的因素占比 40%，不可小觑。此外，为鼓励员工不断提出改进意见，安贝格工厂会为提出改善意见的员工发放相应的奖金。

3. 大数据转变为精准数据

智能工厂的关键是将工厂生产过程中不断产生的数据收集起来，经过挖掘、分析和管理使数据变得更准确、更符合智能工厂生产的需要。安贝格工厂每天都会处理大量的数据，利用人工智能的智能分析手段和分类推送给员工，将大数据转变为精准数据，使数据变得更有价值。

7.1.4 海尔：致力于成为技术时代的引领者

一直以来，海尔都是技术的引领者和新理念的倡导者。在人工智能如火如荼的今天，海尔更是不会停下自己的脚步。互联工厂是海尔入局"人工智能+制造"的经典案例，该工厂坚持以用户为中心，满足用户需求，提升用户体验，实现产品迭代升级。

此外，海尔互联工厂还借助模块化技术，提高了 20%的生产效率，产品开发周期也相应地缩短了 20%。这样的良性循环，最终提升了库存周转率及能源利用率。那么，人工智能是如何改变海尔互联工厂的生产呢？具体体现在以下 4个方面。

（1）模块化生产为海尔互联工厂的智能制造奠定了基础。原本需要 300 多个零件的冰箱，现在借助模块化技术，只需要 23 个模块就能轻松生产。

（2）海尔借助前沿技术进行自动化、批量化、柔性化生产。

（3）通过三网（互联网、物联网和能源网）融合，在工业生产中实现人人互联、机机互联、人机互联与机物互联。

（4）海尔致力于实现产品智能和工厂智能。产品智能是结合人工智能，借助自然语言处理技术使海尔的智能冰箱可以听懂用户的语音，并执行相关操作；工厂智能是借助各项先进技术，通过机器完成不同的订单类型及订单数量，同时根据具体情况的变化，进行生产方式的自动调整优化。

在这样的智能生产系统下，海尔互联工厂可以充分满足用户的个性化需求，加速产品的迭代升级，获得更丰厚的盈利。在我国，海尔互联工厂是工业转型升级的一个重要标志，在全球，它是制造公司对外输出的美好象征。由此来看，对于整个工业生态来说，海尔互联工厂是一个必不可少的存在。

7.2 人工智能与金融的"化学反应"

如今，"人工智能+"模式越来越火爆，人工智能已经广泛应用于诸多行业。综合来看，金融行业是与人工智能融合得比较好的一个行业，并且已经成为人工智能布局的主力。在人工智能的推动下，金融服务新生态正在惠及广大金融机构和民众。

7.2.1 多模式融合的在线智能客服

人工智能在金融领域的一个典型应用就是 AI 金融客服。AI 金融客服能够使金融咨询业务更加人性化、智能化和高效化。

首先，金融咨询业务更加人性化。

金融行业属于高端的服务行业。金融机构只有满足客户的核心需求，为客户带来价值，才会吸引更多的客户选择自己的金融理财产品。涉及金融咨询这一具体领域，金融机构必须为客户提供完善的服务，才能够获得客户的认可。

在传统业务模式下，人们在银行办理业务时总要排很长的队。由于服务的人数众多，所以银行的服务员工难免会出现情绪爆炸的时刻；如果客户也情绪不好，则很容易导致双方发生口角，对双方都会造成不好的心理影响。

AI 金融客服的出现会有效地避免这一问题。借助语音识别技术、视觉识别技术、大数据技术及云计算技术等先进技术，AI 金融客服的整体表现会更像一个"人"，而且比真正的客服人员会更有礼貌，态度更和善。

AI 金融客服可以智能回答客户提问的各种金融问题，并且 AI 金融客服在回答问题时，不会带有任何不良情绪，始终会以平稳的语调与客户沟通。同时，在视觉识别技术的支持下，它能够高效解读客户的面部表情。如果客户对 AI 金融客服的回答有任何的疑虑，它会直接联系更专业的人员，让他们做出更满意的解答。

另外，AI 金融客服还能够形成"多渠道并行、多模式融合"的客户服务通道。例如，AI 金融客服可以通过电话、短信、微信和 App 等多种形式，与客户进行智能对话。借助自然语言处理技术，AI 金融客服能够听懂客户的语言，理解客户的真实意图，从而打造更具有人性化的服务。这种人性化的设计会为金融机构带来更多的客户。

其次，金融咨询服务更加智能化。

主要体现在专家系统的注入与深度学习技术的应用。借助高科技，AI 金融客服能够变得更加聪明。尤其是通过深度学习技术，AI 金融客服能够自主学习，并且回答客户的常见金融问题，这就能够有效提升金融客户的留存率和转化率。

最后，金融咨询服务更加高效化。

大数据技术将会大幅提升 AI 金融客服对数据的处理能力。金融行业是百业之母，与社会的各个行业都有交集，无疑是一个巨大的数据交织网络。在金融行业中，沉淀着海量的金融数据。这些数据内容庞杂，不仅有各种金融产品的交易数据信息，还有客户的基本信息、市场状况的评估信息、各种风控信息等。这些数据资源要么有用，但是未能全面挖掘出其内在的价值；要么无用，但是却泛滥于市场。

这样庞杂的数据对专业的金融咨询服务人员而言无疑是一个巨大的障碍。金融咨询服务人员要提取到关键的有效信息，要耗费巨大的时间成本和更多的精力。而大数据技术及人工智能算法的应用，可以优化数据，把有价值的金融数据提取出来，为客户提供优质的金融咨询服务。这样就能够从根本上提高金融咨询服务的效率。

7.2.2 优化风控体系，提升风控能力

现在无论是银行，还是保险，还是证券，抑或是其他金融机构，都在运用大数据、人工智能、云计算等技术来提升自己的风控能力，从而降低成本，改善客户体验。由此可见，优质的金融服务离不开完善的风险控制。

人工智能应用于金融领域的一个亮点就是借助各种智能算法和智能分析模型提高金融风控的能力。金融领域的很多专家都认为，人工智能要在金融风控领域发挥力挽狂澜的作用，必须满足三大条件，分别是有效的海量数据、合适的风控模型和大量的技术人才。

首先，金融风控离不开数据。

数据应该详细、具体。数据分析人员或者智能投顾机器人能够借助这些数据迅速分析出客户的基本特征，描摹出客户的基本画像。例如，数据要包括客户的性别、年龄、职业、婚姻状况、家庭基本信息、近期的消费特征、社交圈及个人金融信誉等信息。当人工智能能够有效抓住这些有价值的数据后，就可以很高效地进行各种金融风控，以及合理地进行金融产品的投资与规划。

金融风控的核心在于针对客户进行个性化的投资。只有借助大数据，仔细分析客户的各种金融消费行为，描摹客户的画像，才能够实现智能的金融风控。虽

然金融风控行走在风口，但是目前我们的技术发展仍处于初级阶段。

此外，人工智能又特别注重数据的处理和分析，然而，如今的网络环境使得数据的安全性存在很大的风险。例如，日益开放的网络环境、更加分布式的网络部署，使数据的应用边界越来越模糊，数据被泄露的风险仍然很大。由此可见，金融机构必须重视客户的数据安全。

金融机构在获取客户的各种数据，描摹客户的画像时，必须征得客户的同意，特别是要利用技术手段告知客户。在获得客户的允许后，金融机构才能够获取客户的数据。

其次，金融风控离不开合适的风控模型。

风控模型离不开大数据、云计算等技术。借助超高的运算分析能力，不断对海量的客户数据库进行数据优化，从而更精准地找到客户，留存客户，最终使客户成为产品的忠实粉丝。另外，合适的风控模型也能够提高客服的效率，这样会使客户的满意度更高。

最后，金融风控还离不开大量的技术人才。

技术人才是新时代的一种新型人才。他们不仅要有专业的金融学领域的各种知识，还要具备专业的智能分析能力。对于金融机构来说，只有让这样的技术人才不断汇聚，才能够进一步提升金融风控的能力，创新金融风控的方法。

当然，金融风控也离不开社会各界的广泛支持。教育部门要不断实施教育体制改革，培养更多的技术人才；公司要加大人工智能方面的资本投入，促进人工智能的尽快落地；社会精英商业人士要不断深入实践，深入生活，发现场景化的智能金融应用，寻找新的商机。在产学研不断配合的趋势下，"人工智能+金融"将获得更好发展。

7.2.3 金融预测、反欺诈

人工智能赋能金融监管合规指的是金融机构利用人工智能保证金融的安全性、符合规范性。其目的是加强对金融工作的规划和协调，节约金融监管的成本，提升监管的有效性，更有效地甄别、防范和化解金融风险，从而更好地为客户服务。

随着金融监管合规成本的不断上升，很多金融机构都意识到只有不断精简监管申报流程，才能够有效提高数据的精准性，降低成本。

金融监管合规领域的专业人士普遍认为，人工智能监管科技能够实时自动化分析各类金融数据，优化数据的处理能力，避免金融信息的不对称。同时，人工智能监管科技还能够帮助金融机构核查洗钱、信息披露及监管套利等违规行为，提高违规处罚的效率。

人工智能金融监管主要借助两种方式进行自我学习，分别是规则推理和案例推理。

规则推理学习方式能够借助专家系统，反复模拟不同场景下的金融风险，更高效地识别系统性金融风险。

案例推理学习方式主要是利用深度学习技术，让人工智能金融系统自主学习过去存在的监管案例。通过智能学习、消化、吸收和理解，人工智能金融监管系统就能够智能主动地对新的监管问题、风险状况进行评估和预防，最终给出最优的监管合规方案。

目前，人工智能中的核心科技——机器学习技术已经被广泛应用于金融监管合规领域。在这一领域，机器学习技术有 3 项应用，如图 7-4 所示。

图 7-4　机器学习技术在金融监管合规领域的 3 项应用

1．金融违规监管

机器学习技术能够应用于各项金融违规监管工作中。例如，英国的 Intelligent Voice 公司研发出了基于机器学习技术的语音转录工具。这种工具能够高效、实时监控金融交易员的电话。这样就能够在第一时间发现违规金融交易中的黑幕。Intelligent Voice 公司主要把这种工具销售给各大银行，银行的金融违规监管也因此受益。再如，位于旧金山的 Kinetica 公司能够为银行提供实时的金融风险跟踪，从而保证金融操作的安全合规。

2．智能评估信贷

机器学习技术能够智能评估信贷。机器学习技术擅长智能化的金融决策，能够在这一领域有很大的作用。例如，Zest Finance 公司基于机器学习技术研发出了一款智能化的信贷审核工具。这款工具能够对信贷客户的金融消费行为进行智能评估，并对客户的信用做出评分。这样银行就能够更好地做出高收益的信贷决策，金融监管也会更高效。

3．防范金融欺诈

机器学习技术还能够防范金融欺诈。例如，英国的一家创业公司 Monzo 公司建立了一个 AI 反欺诈模型。这一模型能够及时阻止金融诈骗者完成交易。这样的技术对银行和客户都大有裨益。银行的监管合规能力会得到进一步优化，客户则可以避免一些损失。

7.3 人工智能挖掘农业背后的商业机会

人工智能的热度还在不断攀升，很多公司都铆足了劲想将该技术引入农业，这既"好"，也"不好"。"好"体现在这些公司看到了"人工智能+农业"的商机，而"不好"则体现在其中的部分公司缺乏创新发展思维，没有找到正确的着力点。

虽然现在的形势尚未明朗，但是人工智能对农业链的创新作用却不可忽视。首先，人工智能可以帮助农业打造垂直一体化的全产业链；其次，借助人工智能，可以建立以"公司+农业园区+市场"为基础的新型模式；最后，人工智能使经营体制转型为三维融合。

7.3.1 助力农业打造全产业链

应用场景是人工智能发展的重要决胜场。为此，很多公司都已经推出与之相关的实施计划。作为我国的支柱性产业，农业自然吸引了这些公司的目光。

如今，在消费升级、农业转型的影响下，全产业链的地位得到提升，通过人工智能打造垂直一体化的全产业链成为当务之急。全产业链是从产品生产到顾客反馈的完美闭环，需要对产品流通中的每一个环节都实行标准化控制，如图 7-5 所示。

农业的全产业链要做到垂直一体化，关键是要打通上、中、下游之间的关系。

图 7-5　农业的全产业链

1．上游：控制农产品原料质量

对农业公司来说，农产品原料的质量就是根本，因此从产品的源头做起，控制农产品的原料质量是非常重要的。所以，充分发挥人工智能的作用，打造智能农田十分必要。

一方面，农民利用人工智能提高生产效率，可以获得更高的产量。通过人工智能的准确监控，农作物的优良质量也可以得到保障；另一方面，农业公司也可以利用人工智能打造内部的优质农田，提升市场竞争力和影响力。

2．中游：提高精深加工能力

这一步是对农产品加工公司而言的。只有对农产品进行更加精细的加工，例如，把小麦加工成面包，公司才会有更多的利润上升空间及更强的市场竞争力。在深入发展公司精细加工能力上，人工智能可以通过分析公司现有产品的加工程度，来为公司提出合理的建议和意见，从而帮助公司生产出更加精细的产品。

3. 下游：进行品牌建设

对于公司来说，口碑越好、品牌建设越完善，获得的利润就越高。因此，对品牌和销售渠道进行建设是公司应该长期关注的领域。在这方面，人工智能通过对公司以往的销售数据进行分析，找出和销量相关的因素，形成智能决策，为公司进行品牌建设时提供参考方向。

当农业形成垂直一体化的产业链后，各环节的运作将十分流畅，运营成本也大大降低，市场竞争力会大大增强。由此可见，产业链走向垂直一体化已经是不可逆转的趋势，这得益于人工智能的支持和帮助。

7.3.2 开创新模式，实现现代化农业

时代在变化，农业的地位要想得到巩固，并为国民经济增长贡献更多的力量，其发展模式也应该不断创新。在人工智能的助力下，一种新型的"公司+农业园区+市场"模式已经出现，这相当于为农业注入了一股新鲜的血液。

在"公司+农业园区+市场"模式中，公司是主导，农业园区是关键，市场是目标。

（1）公司是主导。公司确立生产目标、生产标准、产品理念后，对农业园区进行统一设计。人工智能在其中起到辅助决策和提出设计建议的作用。

（2）农业园区是关键。农业园区是生产的示范点，所以应充分体现智慧农业的特点。利用人工智能，农业园区可以率先实现无人监管，并对农作物进行智能化与自动化的除草、灌溉等培育工作，这样可以降低人工成本；此外，园区也可开始参观和采摘活动，获得一定的效益。

（3）市场是目标。无论是哪种发展模式，最终都会落到赢得市场这一终极目标上。为了占据市场先机，必须重视人工智能的智能分析和决策能力。市场动态

可由人工智能软件全面掌握，通过人工智能软件的预测，为公司的市场营销方式提供依据。

传统农业的"公司+农户"模式中，公司和农户在沟通组织上存在众多利益纷争，不是未来智慧农业的主流发展模式。而"公司+农业园区+市场"三位一体的发展模式将利益纷争降到最低，农户在农业园区中作为种植者而非经营者的角色存在，可以减少与公司的利益冲突。

"公司+农业园区+市场"模式由于充分结合了人工智能，降低了人工成本，减轻了农业灾害的威胁，必定会成为智慧农业的主流组织形式。对于智慧农业的发展，我国已经提出了 5 年愿景：从技术攻关（2019 年），到产品设计与开发（2020 年），到集成应用（2021 年），再到引领整个农业（2022 年），最后到培育产业（2025 年）。

目前，以阿里巴巴、腾讯、百度为代表的巨头积极发挥自身在技术、品牌等方面的优势，极力推动智慧农业的发展。未来，智慧农业将从技术应用走向产业服务，这也是政府、公司、民众所共同期望的。

7.3.3 品牌、标准、规模走向融合

很多时候，产业链是否可以成功主要取决于效益的多少，而效益的多少则取决于经营体制是否合理。在智慧农业日益成熟的今天，传统的经营体制已经失去作用，其所带来的品牌溢价也大不如从前。要想扭转这样的局面，必须对经营体制进行转型，并尽快完成三维融合。

所谓"三维"主要是指品牌化、标准化、规模化。其中，品牌化是核心，标准化是保障，规模化是手段。

（1）品牌化是核心。要想使产品实现价格增值，形成品牌是核心。传统农业

链由于没有成型的品牌，在生产销售的各环节中无法避免行业风险。所以，充分利用人工智能强大的数据分析能力，准确定位公司的品牌形象是正确的做法。只有在品牌的保障下，产品才会有品牌溢价，这对于本身利润并不高的农产品来说十分重要。

（2）标准化是保障。要想建立成功的品牌，必定离不开标准化。公司需要通过人工智能实现自上而下的监督，保证相关标准的制定和贯彻落实，才可以将品牌理念落到实处，做出真正有影响力的农产品，进而获得品牌溢价。

（3）规模化是手段。当公司已经有成熟的品牌和标准后，扩大规模是获得更多市场的必经之路。智能机器人因为自身的精准度和效率高于人工作业而有利于公司扩大生产规模。通过规模化生产，公司能够获得规模效应，迅速打开市场。

农业的经营其实和其他行业一样，都需要合理的经营体制才可以获得可持续发展。"品牌+标准+规模"三维融合的经营体制符合现代农业的要求，是未来智慧农业的发展方向。而且由于这样的经营体制有利于降低农业生产成本、提高农业生产效率、保护乡村生态环境，因此我国政府为其发展提供了强大的支持和帮助。

第 **8** 章

人工智能在医疗上的价值

近年来，人工智能在医疗领域的应用不断加深。随着语音交互、计算机视觉等技术的成熟，人工智能逐渐成为提升医疗服务水平的重要因素。人工智能不仅可以为患者提供更贴心的服务，还可以成为医生的好帮手，为医生的诊断和研发工作提供帮助。当前，许多大型医院都引进了人工智能，一些医药公司也依托人工智能推出了更好的产品和服务。

8.1 人工智能如何与医疗融合

人工智能在医疗领域的应用体现在方方面面。智能机器人可以成为医生的医疗助理，帮助医生进行医疗训练、为医生搬送医疗器材等。在药物研发领域，人工智能可以有效降低研发成本。人工智能系统也可以辅助医生进行医疗诊断，提升诊断准确率。此外，依托于海量数据，人工智能更有助于实现精准医疗。

8.1.1 智能机器人成为医生的"搭档"

智能机器人在医疗领域的应用并不少见，它可以成为医生的医疗助理，帮助医护人员完成一部分工作，这有利于减轻医护人员的负担。例如，武汉协和医院中的医疗机器人——"大白"就是医护人员的好帮手、好朋友。

"大白"主要服务于外科楼的两层手术室，其主要工作是配送手术室的医疗耗材。"大白"的学名是智能医用物流机器人系统，长度为 0.79 米、宽度为 0.44 米、高度为 1.25 米、容积为 190 升，可以承担 200 千克的重量。

在接到医疗耗材的申领指令以后，"大白"会主动移动到仓库门前，等待仓库管理员确认身份打开盛放医疗耗材的箱子，扫码核对以后将医疗耗材拿出仓库。接下来，"大白"会根据之前已经"学习"过的地形图，把医疗耗材送到相应的手术室门口，医护人员只要扫描二维码就可以顺利拿到医疗耗材。这样可以大幅度降低医院的人力成本。

"大白"有一颗非常聪明的大脑。这颗大脑可以帮助"大白"准确实现对医疗耗材入库、申领、出库、配送、使用记录等的全过程管理。除医疗耗材配送以外，"大白"还可以完成医疗耗材的使用分析和成本核算，并根据具体的手术类型，设定不同的医疗耗材使用占比指标，以此进行医疗耗材使用绩效评估，从而促进医疗耗材的合理使用。

其实像"大白"这样的医疗机器人还有很多，而这些医疗机器人也有着不同的功能，如帮助医生完成手术，回答患者的问题，接受患者的咨询等。不过必须承认的是，医疗机器人只能算是一个辅助工具，它不可能、也无法承担所有的医疗工作。

8.1.2 药物研发更简单、迅速

众所周知，在医疗领域，药物研发是一件很困难的工作。传统的药物研发通常面临着三大难题。第一，比较耗时，周期长；第二，效率低；第三，投资量大。并且，即使药物已经进入了临床试验阶段，也只有其中的极少数能够成功上市销售。

在种种因素影响下，药物的研发成本十分高昂，因此，越来越多的药物研发公司将研发重点转向人工智能领域，希望能够借助人工智能为药物研发赋能。借助人工智能，药物的活性、药物的安全性及药物存在的副作用都可以被智能地预测出来。

目前，借助深度学习等算法，人工智能已经在肿瘤、心血管等常见疾病的药物研发上取得了重大的突破。同时，利用人工智能研发的药物在抗击埃博拉病毒的过程中也做出了重大的贡献。在"人工智能+药物研发"层面，比较顶尖的公司有 9 家。这些公司大部分都位于人工智能比较发达的英美地区，如表 8-1 所示。

表 8-1　世界顶尖的 9 家"人工智能+药物研发"公司

排名	公司名称及其所在地
1	BenevolentAI，位于英国伦敦
2	Numerate，位于美国圣布鲁诺
3	Recursion Pharmaceuticals，位于美国盐湖城
4	Insilico Medicine，位于美国巴尔的摩
5	Atomwise，位于美国旧金山
6	uMedii，位于美国门洛帕克
7	Verge Genomics，位于美国旧金山
8	TwoXAR，位于美国帕洛阿尔托
9	Berg Health，位于美国弗雷明翰

表 8-1 中的这些公司都是创新型公司。其中，历史悠久的是 Berg Health，于 2006 年成立；历史最短的是 Verge Genomics，成立于 2015 年；最亮眼的是

BenevolentAI，它是欧洲最大的药物研发公司，成立于 2013 年，目前已经研发出了近 30 种新型药物。

虽然出现了很多优秀的公司，但是对于"人工智能+药物研发"，科研界人士并不是一味地看好。确实，从目前的情况来看，人工智能在药物研发方面的成果有限。在没有看到更多的成果时，专家的存疑还是有一定的道理的。不过，这只是一种暂时的现象，我们应该相信科学，相信人工智能可以使我们的身体更健康、生命更长久。

8.1.3 降低医学影像分析难度

如今，很多医学影像仍然需要医生自己去分析，这种方式存在着比较明显的弊端，如精准度低、容易造成失误等。而以人工智能为基础的"腾讯觅影"出现以后，就可以很好地解决这些问题。"腾讯觅影"是腾讯旗下的智能产品，在诞生之初，该产品还只可以对食道癌进行早期筛查，但现在已经可以对多个癌症进行早期筛查。

从临床上来看，"腾讯觅影"的敏感度已经超过了 85%，识别准确率也达到 90%，特异度更是高达 99%。不仅如此，只需要几秒钟的时间，"腾讯觅影"就可以帮医生"看"一张影像图，在这个过程中，"腾讯觅影"不仅可以自动识别并定位疾病根源，还会提醒医生对可疑影像图进行复审，从而提高疾病早诊断、早治率的概率。

可见，"腾讯觅影"有利于帮助医生更好地对疾病进行预测和判断，从而提高医生的工作效率、减少医疗资源的浪费。更重要的是，"腾讯觅影"还可以将之前的经验总结起来，提高医生治疗癌症等疾病的能力。

现在有很多公司在做智能医疗，但拼的是能否得到高质量、金标准的医学素材，而不是有了成千上万的影像图就能得到正确的答案。为此，在全产业链合作方面，"腾讯觅影"已经与我国多家三甲医院建立了智能医学实验室，而那些具有丰富经验的医生和人工智能专家也联合起来，共同推进人工智能在医疗领域的真正落地。

目前，人工智能需要攻克的一个最大难点就是从辅助诊断到精准医疗。例如，宫颈癌筛查的刮片如果采样没有采好，最后很可能会误诊。采用人工智能之后，就可以对整个刮片进行分析，从而迅速、准确地判断是不是宫颈癌。

通过"腾讯觅影"的案例，我们可以知道，在影像识别方面，人工智能已经发挥了强大作用。未来，更多的医院将引入人工智能，这不仅可以提升医院的自动化、智能化程度，还可以提升医生的诊断效率及患者的诊疗体验。

8.1.4　新型医疗模式：精准医疗

精准医疗是一种新型的医疗模式，其遵循基因排序规律，能够根据个体基因的差异进行差异化医疗。由于精准医疗可以有效缓解患者的痛苦，达到最佳的治疗效果，因此实现精准医疗一直是很多医护人员的梦想。

精准医疗的发展离不开大数据、神经网络和深度学习等技术的应用，这三项技术是鞭策精准医疗前进的动力。

在人工智能时代，"数据改变医疗"已经成为一个核心的理念。无论是中医，还是西医，在本质上都是要深入实践，根除患者的疼痛，为患者带来健康的身体。为深入医学实践，医生需要反复地进行经验总结、运用统计的方法找到治病的规律，最终达到药到病除的效果。借用大数据，通过云平台与智慧大脑的分析，医生可以用更快的速度进行病情诊断。

例如，癌症一直是医疗领域的难题。每一个癌症患者的临床表现各不相同，即使是同一类癌症患者，他们的临床表现也不同。这就为医生的临床治疗制造了很大的难题，更别说要做到个性化的精准医疗了。

为了攻克医学难题，微软亚洲研究院的团队开始借助大数据技术钻研脑肿瘤病理切片。通过详细的数据分析，医生能够快速了解肿瘤细胞的形态、大小与结构。通过智能分析，医生能够迅速判断出患者所处的癌症阶段。这就为癌症的预防与诊断提供了一个良好的思路。同时，随着大数据的进一步发展，精准医疗的效率也会越来越高。

"神经网络+深度学习"模式能够大幅提升精准医疗的精度，为患者带来更多福音。例如，微软亚洲研究院的团队利用数字医学图像数据库，自主搭建神经网络和深度学习算法，经过大量的医学实践，能够高效处理大尺寸病理切片。

在处理完大尺寸病理切片的难题后，微软亚洲研究院的团队又实现了对病变腺体的有效识别。腺体是多细胞的集合体，类似于"器官"这一概念。腺体病变的复杂性非常高，而且腺体病变的组合类型也有着指数级增长的态势，这是无法通过人力解决的。

然而，"神经网络+深度学习"模式则能够让智能系统学习病变腺体和癌细胞的各种知识，同时，也能够快速了解正常细胞与癌细胞之间的主要差别。这样的智能系统能够帮助医生快速分析癌症患者的病情，同时能够迅速为医生提供治疗的相关意见。

另外，人工智能赋能的计算机具有强大的运算能力，这就能够有效弥补医生经验的不足，减少医生的误判和医疗事故的发生。大数据技术能帮助计算机发现更为细微的问题，从而帮助医生发现一些意料之外的规律，完善医生的知识体系，提升医生的治病能力。

为了使精准医疗的效果更好，我们还需要不断进行技术的创新和方法的创新。

例如，一些先进的医疗团队借助"语义张量"的方法，让智能医疗机器拥有庞大的"医学知识库"。所谓"语义张量"，就是让智能医疗机器学习医学本科的全部教材、相关资料及临床经验，用"张量化"的方式进行表示，最终拥有庞大的医学知识库。

随着人工智能的稳步发展，精准医疗的水平还将迎来质变。当然，精准医疗的发展仅仅依靠人工智能是远远不够的，还需要医生的主动学习和不断进步。只有这样，医生才可以更好地为患者服务，人类的健康才更有保障。

8.2 入局"人工智能+医疗"的最佳方案

人工智能在医疗领域存在广阔的应用前景，正是因为看到了这一前景，越来越多的公司聚焦医疗领域，依托人工智能进行智能系统研发，并提出了很多数字化医疗解决方案。这些实践应用在促进了医疗领域发展的同时，也为其他医药公司、医疗机构提供了成功范例。

8.2.1 打造智能医生，就诊更便捷

平安好医生曾耗资 30 亿元打造智能医生，全面推进智能医疗。由于医患数量悬殊，国内的就诊体验总是存在"排队两小时，就诊五分钟"的状态。面对就医困境，平安好医生利用人工智能自主研发出了智能医生进行辅助问诊工作。

智能医生不是取代医生直接给患者看病，而是代替医生完成一些重复性较高的初级咨询工作，实现医生的产能最大化。智能医生主要包含以下 3 项重要功能。

1. 智能辅助诊疗系统

智能辅助诊疗系统是智能医生进行问诊的核心，也是平安好医生在人工智能

应用上的重大突破。智能辅助诊疗系统在分诊、导诊、转诊等方面都有良好的应用。在获得患者的允许后，智能辅助诊疗系统能够为患者建立"数据化病历""健康档案"等资料，使患者在寻医问诊时不必重述病情和携带大量资料。

2. 三端口多维服务

三端口分别指手机端、电视端和家庭端，不同的端口面向不同年龄阶段的人群，为其提供科学的医疗健康知识，如表 8-2 所示。

表 8-2 "智能医生"三端口多维服务

端口种类	面向人群	具体功能
手机端	年轻人群	年轻人群对手机的使用频率较高，移动端口可为其提供健康咨询
电视端	中老年人群	通过电视为中老年人群提供视频问诊，能够为其提供个性化服务
家庭端	全体家人	通过安装智能家庭健康硬件产品，能够为全体家人提供"家庭医生"服务

3. "现代华佗计划"

智能医生整合从古至今的中医知识，包括中医典籍、案例和研究机构的研究成果等，推出了"现代华佗计划"项目。在该项目中，智能医生研发出了中医的人工智能"决策树"，为患者提供科学全面的中医诊疗。

一家三甲医院的日门诊量一般在几千人左右，而平安好医生推出的人工智能医疗问诊服务平均每天可提供 37 万次在线咨询，这相当于上百家三甲医院的日问诊量。而且，根据调查显示，智能医生的用户满意度高达 97%，平安好医生的用户注册量也因此与日俱增。

正如平安好医生董事长王涛所说，随着技术的不断发展，人工智能和医疗结合是必然趋势。平安好医生在智能医生的应用基础上，将继续推进人工智能的基础性数据累积和研究应用，实现人工智能对医疗健康领域的全面渗透。

8.2.2 开发并推出智能问诊项目

在智能医疗不断发展的背景下，人工智能问诊项目也得到众多公司的关注。百度作为我国互联网行业三大巨头之一，旗下的百度医疗大脑在人工智能问诊上取得突破性的进展。

患者通过百度医疗大脑可以实现人工智能问诊。在综合各项医疗大数据之后，百度医疗大脑会给患者准确的问诊结果。

互联网早已和医疗行业产生联系，许多软件提供在线预约挂号和在线问诊的功能，但这些功能依旧需要医生单独完成问诊和治疗，效率很低。百度医疗大脑则不同。借助人工智能，患者在百度医疗大脑平台上就能得到病症的初步诊断，完成自诊。这样一方面降低了人们对一些疑似重大疾病所带来的恐慌；另一方面能使人们提前发现真正的大病，尽早就医。

对于医生而言，百度医疗大脑的应用具有提高问诊效率的作用。通过输入信息，患者可在挂号时完成预诊工作，大大提高就诊的效率。人工智能为医生收集患者的各项数据，生成参考报告，方便医生参考进行诊疗决策。百度医疗大脑能够实现智能问诊，是因为智能问诊的各项技术已达到研发条件，如图8-1所示。

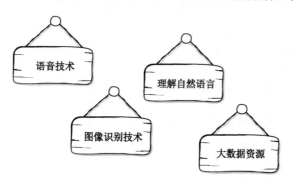

图 8-1　实现智能问诊的关键技术

1. 语音技术

在实际生活中，很多患者，如老人、儿童等无法依靠打字或手写的方式完成病情描述，只能依靠口头描述。要想实现在线的智能问诊，语音技术就是硬性要求。百度的语音技术处于世界前列，公司旗下的 Deep Speech2 深度学习语音技术被《麻省理工评论》评选为十大突破性技术，为百度医疗大脑实现智能问诊提供了基础。

2. 图像识别技术

很多疾病的发病症状十分相似，只有经验丰富的医生经过面诊后才能确定。实现智能问诊这一目标只依靠语音技术是无法完成的，必须具有图像识别技术。百度的 Deep Image 可以实现图片内容的识别，这对病情诊断所需的图像识别具有极为重要的意义。

3. 理解自然语言

除"听得见"（语音技术）外，"听得懂"（理解自然语言）也是人工智能问诊需要实现的目标。通过自然语言理解技术，智能问诊系统能够抓住患者的关键词，精准地确定患者的病情。百度搜索基于自然语言的理解技术，而百度医疗大脑在这方面的表现也十分出色。

4. 大数据资源

医生问诊依据的是丰富的临床经验，这种经验对人工智能来说表现在充分的医疗数据资源。随着大数据技术和人工智能的发展，智能问诊平台在这方面有了极大的突破，能够迅速检索医疗数据，并在一次次问诊中不断学习，丰富自身的数据库。百度医疗大脑囊括海量的医疗数据，包括各种权威教材、权威期刊和实际医疗病历数据，能够在深度学习这些资料后为患者提供精准的问诊服务。

百度总裁张亚勤认为，技术一直都在为人类带来医疗上的改变，这种改变大致可以划分为 3 个阶段。第一阶段是将人与信息连接起来，使人们了解到一定的医疗信息，这一阶段已经完成；第二阶段是将人与服务连接起来，使患者能够更加便捷地获得医疗服务，这一阶段仍在进行中；第三阶段是将人与智能连接起来，通过百度医疗大脑的人工智能问诊平台，可以实现医疗的病前预测，而不是只局限于传统的病后治疗。

百度医疗大脑进军问诊领域，表明了人工智能已经深入医疗的各个环节。随着人工智能的进一步发展，各项技术不断成熟，"人工智能+医疗"一定会为人们带来更高效的服务。

8.2.3 身障人士复健，人工智能来助力

每个人都希望自己可以有一身坚硬无比、能抵御侵略的铠甲，这样的铠甲其实有一个学名，那就是"智能外骨骼"。不过，如今的"智能外骨骼"仅限于让人们跑得更快、跳得更高，或者是帮助身障人士进行复健。

实际上，智能外骨骼的发展速度一直很慢。直到匹兹堡卡内基梅隆大学的相关研究人员研发出了一套新的机器学习算法，智能外骨骼的研究才迎来了新的春天。机器学习算法的核心是深度学习，借助这项技术，智能外骨骼能够为不同的人提供个性化的运动解决方案或者个性化的康复方案。

如今，借助深度学习，智能外骨骼有了更为人性化的设计，人们有着良好的体验。整体而言，基于人体仿生学的智能外骨骼有 3 个显著的优势。

首先，智能外骨骼类似我们身穿的衣服，非常轻便舒适；其次，借助模块化设计的技术，能够满足用户私人定制的个性化需求；最后，借助仿生的智能算法，

能够避免传统外骨骼僵化行走的模式，根据个体的身体特征，提供最优化的助力行走策略。

智能外骨骼的典型产品就是俄罗斯 ExoAtlet 生产的产品。ExoAtlet 一共研发了两款"智能外骨骼"产品，分别是 ExoAtlet I 和 ExoAtlet Pro。这两款"智能外骨骼"产品有着不同的使用场景。

ExoAtlet I 主要用于家庭场景。对于下半身瘫痪的患者来讲，ExoAtlet I 简直是神器。下半身瘫痪的患者借助 ExoAtlet I 能够独立完成行走，甚至能够独立攀爬楼梯。这样，身障人士也不用坐在轮椅上，不用整天有人照顾，不会感到悲伤，相反会感到能够重新行走的快乐和自由，这就是人工智能带来的神奇效果。

ExoAtlet Pro 主要适用于医院场景。当然，相比于 ExoAtlet I，ExoAtlet Pro 有着更多元的功能，例如，测量脉搏、进行电刺激及设定标准的行走模式等。这样的设置会让身障人士获得更多的锻炼，会使他们的康复训练更加科学，他们也会更快地恢复健康，恢复自信。

智能外骨骼产品拥有强大的性能，不仅会大幅提升身障人士的生活质量，提高他们行走的效率，还会成为行动不便的老年人得力的助手。另外，对于普通人来讲，智能外骨骼也可以发挥作用。例如，帮助人们攀登险峰或者在崎岖的山路快速行走。总而言之，在智能外骨骼的助力下，所有人都可以受益。

· 场 景 篇 ·

人工智能的实战应用

第 9 章

人工智能+服务场景：优化质量和速度

很多公司往往把工作重心放在销售和营销上，但对于某些产品，特别是那些大件的家用电器或者非常贵重的奢侈品来说，如果没有优质的服务，就会影响人们的购买欲望。因此，要想让人们做出正向决策，服务是非常重要的一个环节。

9.1 人工智能对现有服务的完善

与之前的服务相比，现有服务显然是新在了技术层面。在技术当道的时代，公司的比拼依旧会围绕着用户、产品、服务展开。鉴于服务的重要性，公司应该借助技术来优化体验，提升服务水平，只有这样，才可以推动自身不断发展。

9.1.1 简化服务流程，服务更高效

云计算、大数据、深度学习等技术推动了人工智能浪潮的到来，这些技术可以简化服务流程，从而提升服务的效率。下面以金融领域为例对此进行详细说明。

对于金融机构而言，效率的提升在一定程度上意味着成本的降低，可以为客户带来更多便利。人工智能的应用能够提升工作效率，但是金融领域工作效率的提升并非一步到位的，而是经过 4 个严密的步骤，分别是金融业务流程的数据化、数据逐步资产化、数据应用场景化和整个金融流程的智能化。

随着数据的不断积累和优化整合，智能金融将会不断拓展、细分场景，不断提升业务效能。人工智能在金融领域的应用，对金融领域产生了深远的影响。例如，在瑞士曾经有一个千余人的交易大厅，现在却已经不复存在，这是因为业务越来越少吗？其实不是。它们的交易量增长了好几倍，但是交易人员已经被机器替代。

再如高盛的交易大厅，交易人员由 600 个减少为 4 个，大多工作都由机器完成。因为机器能够精准抓取数据、高效执行程序，工作的效率远超人工。

以上这些虽然只是简单的案例，但是透露出了很多信息。在以金融领域为代表的诸多领域，人工智能的工作效率要远高于人工。越来越多的交易人员逐渐被机器替代，为广大公司节约了大量的成本和人力资源。

9.1.2 AI 时代，售后服务不可忽视

随着产品的同质化，以及竞争的加剧，售后已经成为公司保持或扩大市场份额的关键。现在，凡是优秀公司都会有一套独立且完善的售后体系，例如，海尔、阿里巴巴、京东、大众等。对用户而言，公司是否有完备的售后体系非常重要，毕竟再好的产品，都有可能出现问题。因此，公司必须坚持以用户为中心，全力做好用户售后管理，维护自身的形象和口碑。

要做好售后管理，公司必须组建一个能满足用户需求的队伍，同时还应该确保这支队伍能够高效运作，为用户提供及时、高效、专业、快捷的全程式服务。

除此以外，公司各部门之间也要紧密配合，当用户有售后需要时，任何员工都要具备为用户解决问题的意识与能力，使用户的反馈能够快速得到解决。

一般情况下，直接负责售后的是服务部门。当用户提出售后的要求，或对产品投诉以后，服务部门首先要对用户的反馈进行判定，指导用户试着自己排除故障，必要时再安排相应的员工进行上门服务，以解决问题。

2019年6月，一位别克凯越的车主投诉自己的汽车在保养后出现了问题，具体情况是这样的：在行驶的过程中，汽车的引擎盖突然冒起白烟，于是车主就找到经销商再次检查，发现是因为上次保养时工作人员大意在引擎盖内落下了一条白色抹布。

虽然这辆汽车上没有行车记录仪，车主也没有拍下视频，抹布也已经被扔掉，但经销商的服务总监表示："哪怕没办法核实当时的真正情况，也要尽量为车主处理。"最后因为经销商的优质售后，该事件得以解决。

经销商并没有因为事情影响不大就选择置之不理，而是严格按照别克的规定，如图9-1所示，进行高效处理，做好自己该做的事情，真正服务到细节。

服务承诺 ｜ SERVICE COMMITMENT

图9-1 别克的服务承诺

由此可见，热情、真诚地为用户着想才能使用户满意。所以，公司要以不断完善服务质量为目标，以便利用户为目的，用一切为用户着想的服务来获得用户的认可。

9.1.3 "读秒"：打造新时代的信贷服务

"读秒"是一个基于人工智能的信贷解决方案。正式推出之后没有多久，接入"读秒"的数据源就已经超过 40 个。通过 API 接口，这些数据源可以被实时调取和使用。另外，接入数据源以后，"读秒"还可以通过多个自建模型（例如，预估负债比、欺诈、预估收入等）对数据进行深入的清洗和挖掘，并在此基础上，综合平衡卡和决策引擎的相关建议来做出最终的信贷决策，而且所有的信贷决策都是平行进行的。

一般来说，只需要 10 秒左右的时间，"读秒"就可以做出信贷决策。在这背后，不仅有前期日积月累的数据收集和分析，还有绝对不可以忽视的模型计算。在普通人看来，大数据、机器学习等前沿技术就好像一个大黑箱，但其实是可以找到一些规律的。

"读秒"的合作伙伴虽然经常会为其提供大量数据，但是真正有价值，也有用途的数据基本上都是需要挖掘的。也就是说，并不是获取到数据，然后将其放在一个很神奇的机器学习模型里就可以把结果预测出来，整个过程并没有那么简单。

例如，客户在申请信贷时会产生各种各样的数据，包括交易数据、信用数据、行为数据等，这些数据可以帮助金融机构深入了解客户。然而，这些数据是需要挖掘的，只不过挖掘的过程与信贷的过程并不是融合的。

有了海量的数据之后，"读秒"需要利用距离、分组等决策算法，从这些数据中筛选出适用的模型，以便更好地规避风险。例如，客户如果在多个平台借款，那么"读秒"就会分析这个客户的借款频率，以及借款的次数和借款平台数量之间的关系，并将其组建为模型。

实际上，虽然看起来不同客户在不同平台留存的数据并没有太大关联，但这些数据之间会形成网络交织。而且，随着客户数量的不断增加，留存的数据也会越来越多，这样的话，"读秒"的自创模型就可以得到进一步优化，从而适用于更多场景。

由此来看，"读秒"的数据并不是面向一个客户的，而是面向一群客户的。也正是因为这样，再加上前期累积的功力，才造就了"读秒"的 10 秒决策速度。

如今，以"读秒"为代表的智能信贷解决方案不仅让信贷决策变得更加科学、合理、准确，让借贷方和金融机构免遭风险，也进一步提升了金融领域的稳定性和安全性。

9.2 新型服务：人工智能发展的产物

服务智能化是经济发展的必然要求，也是加快公司转型的重要途径。我们必须把促进服务智能化的目标提上日程，并为实现此目标制定一系列配套措施和解决方案。这样一来，不需要很长时间，人工智能就可以催生很多新型服务，而且还会出现一系列极具代表性的案例。

9.2.1 AI 系统为音乐创作者服务

泰琳·萨顿曾经推出过一张新专辑。在这张专辑中，有位名为"Amper"的制作人。听起来，"Amper"似乎就是一位非常普通的音乐制作人，不过，事实并非如此。在美国，泰琳虽然算不上乐坛新秀，但"Amper"却是彻彻底底的"新人"。

实际上，"Amper"并不是人类，而是由专业的音乐制作人和技术开发员开发的 AI 音乐制作平台。值得一提的是，"Amper"也是第一个制作出整张专辑的 AI

音乐制作平台，这张专辑的名称就叫做 *I AM AI*。

作为 Amper 的制作人之一，德鲁·西尔弗斯坦曾明确表示，Amper 提供的音乐制作服务具有多种优势，例如，快捷、价格合理、不收版权税。更重要的是，Amper 特别适合制作一些功能性的音乐，包括广告音乐、短视频音乐、综艺节目音乐等。

后来 Amper 成功获得了 400 万美元的天使轮融资。据了解，此轮融资由 Two Sigma Ventures 领投，Foundry Group、Kiwi Venture Partners、Advancit Capital 跟投。虽然 Amper 已经有了非常不错的发展，但却并不会完全取代音乐制作人的地位，其主要目的是，为音乐制作人提供快捷、低价、没有版权限制的音乐制作方式，以及为越来越多的广告、短视频、综艺节目制作预算内的原创音乐。

对此，德鲁·西尔弗斯坦说："我们的一个核心理念就是，未来的音乐将是由人类和人工智能共同制作的。我们想要以这种合作的方式推进创造力的发展。如果要实现这个目标，我们必须教会人工智能进行真正的创作。"

具体来说，如果一位音乐制作人要想在 Amper 上制作音乐，只需要表达自己喜欢的风格、时长、情绪，就可以在不到 10 秒的时间内（制作时间会根据音乐时长的不同有所不同），得到一个初始版本。之后，这位音乐制作人就可以在初始版本的基础上进行一些调整，例如，添加某种乐器、转换某个节拍等。

虽然 *I AM AI* 是由人工智能独立制作的第一张专辑，不过，在很早之前，人工智能就已经参加过音乐及其他艺术的制作。例如，Aiva 学习古典音乐制作，DeepBach 制作出与巴洛克艺术家约翰·塞巴斯蒂安·巴赫风格相似的音乐。

也许，*I AM AI* 仅仅是艺术迈向新时代的第一步，但不可否认的是，未来，随着人工智能的不断发展，人类将和人工智能一起推动艺术的发展和进步。到那个时候，艺术领域就会呈现出与现在截然不同的一番景象。

9.2.2 借助人工智能让游客享受贴心服务

在中国"一带一路"倡议的带动下，处于丝绸之路沿线的敦煌受到越来越多国家的关注，也有越来越多的游客来敦煌探索丝路文明。而人工智能与文化的结合，恰好给此事提供极大的助力。

"你好，我是'敦煌小冰'，人工智能萌妹子。我会陪你聊天，还会告诉你所有敦煌的故事。"这款"人工智能萌妹子""敦煌小冰"由敦煌研究院和微软亚洲研究院、微软亚洲互联网工程院联合研发，旨在为游客讲解敦煌文化。

据敦煌研究院院长王旭东所说，"敦煌小冰"的出现极受年轻人的喜爱，为传播敦煌文化带来了新的方式。

在研究开发"敦煌小冰"中，敦煌研究院为"敦煌小冰"提供学习数据，微软则提供新的自主知识学习技术（Doc Chat）和开发支持。与以往通过大量的对话训练机器人的方式不同，Doc Chat 可以直接从非结构化文档中选取句子作为对话训练的资料。

利用 Doc Chat 这一先进的自主学习技术，"敦煌小冰"对互联网上有关敦煌文化的文章和敦煌专著《敦煌学大辞典》实行了快速学习，成为一个敦煌莫高窟知识方面的 24 小时在线专家。根据统计，"敦煌小冰"每年至少帮助 200 万人了解、学习古老神秘而又富有魅力的莫高窟佛教艺术。

"数字技术让不可移动的文化遗产活了起来，以此为基础，加上人文学者的研究成果，可以让古老的文化艺术搭上互联网的快车，走向千家万户。"王旭东说。"敦煌小冰"的存在使用户拥有一个贴身陪伴的敦煌攻略小助手和知识讲解员，能够为他们提供贴心服务。

敦煌莫高窟作为古代丝绸之路中的重要城市，用开放的心态融汇了人类的众多文明，形成人类历史上独一无二的瑰宝。如今，在工智能技术引导的革命为敦煌文明的传承带来新的传播载体，为更多的人展示了这座文明古城的魅力。

总之，人工智能技术在文化产业上的应用，既能为人们的文艺创作带来新的灵感，也能为人们更好地传承历史和文化。

9.2.3 健康服务设备助力康养照护

在家里享受养老院般的服务、通过 App 可以帮助老人翻身、一只手表可以预防中风、远在千里外的子女能为父母尽孝、独居老人也可以被实时监护……这些看似很夸张的场景在人工智能时代已经成为现实。以人工智能为代表的互联网、物联网、大数据等技术正在推动康养照护领域"弯道超车"。该领域将朝着数字化、自动化的方向发展。

首先，人工智能助力智慧养老院建设。

人工智能时代，虚拟养老院不再是新鲜事物。子女可以在老人的家中安装智能监护设备，对老人进行 24 小时不间断地监护，老人则可以在家中享受养老院般的服务。由智能监护设备代替子女对老人进行监护，在老人有需求时及时为老人提供帮助，不仅可以降低康养照护成本，也可以在不耽误子女工作的情况下让老人的居家生活更安全。

其次，智能产品让老人得到更好的护理。

海姬尔公司推出了一款智能护理床（如图 9-2 所示），护理人员可以通过控制 App 为老人提供起背、屈腿等服务，也能帮助老人左右翻身，防止老人出现褥疮。此外，该护理床还放置了具有自清洁功能的智能马桶，让老人可以在床上如厕；床头的冷热水设备和排水系统可以帮助老人在床上洗头或洗脚；床尾的脚部支撑功能可以帮助老人减轻腿部受力。

贴心护理 安心守候

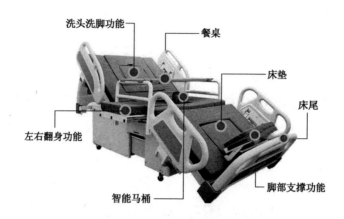

洗头洗脚功能

餐桌

床垫

床尾

左右翻身功能

智能马桶

脚部支撑功能

图 9-2　海姬尔公司的智能护理床

随着老龄化的发展，在将来，护理人员会比较稀缺，智能护理床等类型的智能产品可以满足老人的护理需求，在一定程度上降低护理成本，缩短护理时间。与此同时，护理老人的痛点和难点也可以消除，子女的护理压力可以得到缓解。

再次，人工智能让子女远程尽孝。

现在很多年轻人都会到异地打工，子女与老人分居的现象十分常见，老人可能因此得不到很好的照护。现在微信有老人健康信息实时推送和服务在线预约等功能，与老人身处异地的子女只需要与老人绑定微信，就能随时掌握老人的情况，甚至还可以为老人预约康养服务，提前为老人安排照护事宜，在线上实现远程尽孝。

最后，智能设备为老人打造安全保障。

老人可以配备多功能智能手环，随时随地对自己的心率、血压等身体情况进行监测。如果老人的身体出现异常情况，或者长时间地静止不动，那么手环会立即给预设好的手机号打电话，并联系医院、报警，确保老人可以在第一时间得到帮助。

除了智能手环以外，智能机器人也可以助力康养照护，为老人提供贴心的照顾和精神层面的陪伴。陪伴型智能机器人集智能看护、语音聊天、视频娱乐、远程诊疗等功能于一体，给老人更细心、精准、优质的服务，使老人不那么孤独。

现在有康养照护需求的人群在持续增加，部分子女，尤其是独生子女面临比较大的养老压力。随着人工智能等技术的渐趋成熟，越来越多智能产品、智能设备将出现并得到广泛应用。技术造福人类，养老问题在技术的助力下会得到更妥善的解决。

9.3 人工智能应用于人力服务

自从人工智能出现后，人力服务便开始向智能化转变，公司可以借助 AI 软件完成一些基础的事务工作，如招聘等。这也就意味着，在人工智能时代，公司可以有更多时间和精力去思考人力相关工作，最大限度地发挥人力应该有的价值。

9.3.1 积累员工数据，实现信息化集成

目前，美国只有不到 10% 的公司可以使用员工的工作数据。而这也在一定程度上表示，HR 应该仔细分析以往的成功和失败，以此来对其有一个更加清晰的认识。通常情况下，第一阶段的数据分析应该以可视化工具为核心，主要目的是对之前没有的数据集进行采集和追踪，例如，在做业务数据的相关性分析时，大量使用员工数据。

从目前的情况来看，大多数公司只能看到一些无关紧要的业务数据，包括工作人员任职情况、绩效评级、营业额等，不过，未来还会有更加完善的组织关系数据、个人工作数据等。必须知道的是，前者的价值要远远高于后者的价值。

随着该数据集的逐渐扩大，我们能越来越了解人员组织的关系和招聘成败的原因。例如，为什么工作人员的价值不可以充分发挥出来？全新的招聘制度是不是可以为公司招来更多的人才？为什么销售部门的业绩迟迟没有起色……

另外，员工数据可以帮助公司更好、更快地制定某些决策。一般来说，在绩效考核的时候，任何组织的生产力会有不同程度的下降。之所以会出现这种情况，主要就是因为组织中的工作人员都在忙着填写各种表格，而忽略了手头的工作。

在很多人看来，OKR 是既专业又公平的，在这方面，微软似乎比谷歌做得更彻底，直接用反馈机制代替了绩效考核。近年来，美国出现了很多可以实现自动化考核的软件，其中具有代表性的应该是 BetterWorks、Reflektive 等。

在这类软件的助力下，领导和工作人员不仅可以主动咨询相关反馈意见，而且还可以分享已经讨论好的绩效目标。一方面，有利于保证反馈的有效性和真实性，从而制定出更科学、合理的决策；另一方面，有利于增强整个团队的士气。

在这种情况下，之前那种自上而下，流程驱动的方法已经一去不复返，取而代之的是一种更加敏捷持续，以反馈为基础的方法。

总之，以员工数据为首的各种数据都具有价值，因此，人工智能时代下的公司就应该像一个数据库一样，尽可能多地储存一些数据，以便为未来的工作打下良好基础。

9.3.2 颠覆招聘工作：自动化+精准化+网络化

在人力工作中，人才招聘是最基础，也是最关键的一个。然而，当人工智能融入人才招聘之后，这一工作就有了翻天覆地的变化，具体可以从以下几个方面进行说明。

1. 逐渐走向自动化

1994 年，Monster 便推出了世界上第一个招聘网站；如今，随着招聘渠道的不断复杂，以及简历筛选技术的渐趋落后，公司与求职者之间的信息再一次出现了不对称的现象。简历过多，HR 根本筛选不完；简历过少，HR 很难招聘到真正的人才。

另外，据相关数据显示，在招聘工作当中，有 70% 的时间都用来筛选和浏览简历，包括登录招聘平台、到各个网站搜罗人才等。实际上，在很早之前，美国的招聘人数就已经到达了瓶颈。为了尽快度过这一瓶颈，绝大多数公司都在使用第三方的 ATS。

2. 逐渐走向精准化

求职者匹配不仅仅是简单的技能匹配。也就是说，即使所有公司都在招聘程序开发人员，那也会因为团队领导和公司文化的差异而选择不同的求职者。在如此海量的简历当中，怎样判断哪位求职者适合正在招聘的职位呢？

一家名为 Celential.人工智能的公司正在使用机器学习技术对求职者进行自动排序。这家公司可以借助自然语言处理技术分析求职者的简历，然后再根据简历中的相关信息判断求职者与当前职位是不是非常匹配。除此以外，这家公司开发的人工智能系统还可以自动学习简历数据库中的经典招聘案例，并建立一个人才模型，从而更精准地预测求职者的工作表现。

3. 逐渐走向网络化

在美国，近半数的招聘面试都是在网上进行的。实际上，传统的招聘面试既缺乏客观性，又不具备完善的标准。人工智能面试分析公司 HireVue 正致力于通过提取原始面试视频中的一些重要信号（例如，微表情、肢体动作、措辞等），来对求职者是否符合职位需求进行评估和判断。其中，自然语言处理技术用于分析求职者的回答，计算机视觉技术用于解读求职者的表情、动作等非语言因素。这不仅大幅度提高了面试效率，还可以迅速筛选出进入下一轮人工面试的求职者。

由此可见，在人工智能不断发展和进步的影响下，人才招聘的确已经发生了翻天覆地的变化，因此，对于新时代的人力工作者而言，当务之急就是拥抱人工智能这一新兴技术，只有这样，才可以最大限度地保证自己不被淘汰。

9.3.3 培养 AI 思维，打造智能战略

对于公司而言，拥有 AI 思维，并学会用其打造智能战略系统是非常必要的。在这一过程中，最关键的一个因素是预测性模型（Foresight）。在部分专家学者看来，预测性模型可以在很多方面发挥作用，例如，柔性人员管理的需求。

目前，分享经济和众包市场都获得了较为不错的发展，而这也导致了劳动力管理需求的改变。在很早之前，人力资源管理都是由 HR 计划和安排的，但现在已经变成了根据需求预测来调整和分配人力。

当然，如果数据足够全面的话，人工智能还可以帮助公司对优秀工作人员的流失进行分析和预测，同时还可以指出防止优秀工作人员流失的最佳方法。

Hi-Q Labs 是一家初创公司，曾经推出了一种仅通过外部数据就可以预测工作人员留存率的方案，而且准确度甚至已经超过了用内部数据进行预测的准确度。由此可见，拥有了以数据驱动为基础的指导，公司就可以掌握保留优秀工作人员的可行性方法。

实际上，无论是什么规模的公司，都会存在一些人力方面的问题，但我们知道得却远远不够。相关调查结果显示，任何一个公司都会有不断找寻新工作的人，而且其中 79%的人认为自己没有得到应有的待遇。这也就表示，人们都希望可以

从工作中获得更多回报。

讲到这里，其中并不难发现，人工智能还没有取代 HR 的能力，现在的技术也还没有达到真正意义上的智能。但不得不说，针对公司中的人力问题，一些独具特色的 AI 解决方案已经被提出，未来，AI 将更好地融入人力资源管理的各个环节中。

·第 **10** 章·

人工智能+工作场景：变革生存策略

近半数的公司无法迅速招聘到合适的员工；65%以上的年轻人将选择仍未被明确定义的工作；到2025年，千禧一代在全球劳动力中的占比将超过75%。这样的数据不是耸人听闻，而是真实存在的。毋庸置疑，人工智能正在重新定义工作。

生活在这样的时代，人们难免会感到担忧，担忧自己的工作会不会受到影响，是不是要被人工智能取代。其实这样的担忧没有必要，因为人工智能没有消除工作，而是在重新定义工作，创造更多的就业机会。

10.1 AI 时代，人们的工作大有不同

在人工智能越来越成熟的情况下，有些工作已经可以交由人工智能来完成。例如，在飞机场里面，自助登记服务亭越来越多；在京东的仓库里面，分拣机器人会来回穿梭；在公司里面，HR 使用智能产品对应聘者的简历进行筛选。

根据麦肯锡的研究，在短期或中期内，人工智能虽然使部分工作被完全自动

化，但是并不会代替人类完成所有的工作。因此，有些工作的流程需要被改造，而这也在一定程度上促进了工作的转型和升级。

10.1.1 AI 改变工作的形式

很多人都想知道，工作究竟会不会消失。实际上，在大多数情况下，工作并不会消失，而是转变为了新的形式。下面以人事工作为例进行详细说明。

之前，人事工作都是由 HR 负责的，然而，随着人工智能的不断发展和进步，这样的情况似乎已经发生了改变。2017 年，日本高端人才招聘网站 BizReach 宣布与雅虎、Salesforce 合作，共同开发针对人事的智能产品。

该智能产品不仅可以自动完成某些工作，例如，岗位调动、招聘、员工评测等，还可以帮助公司发现工作人员的跳槽倾向。与此同时，该智能产品还可以采集工作人员的工作数据，并在此基础上通过深度学习技术，对工作人员的工作特征进行深度分析，从而判断出工作人员与其所在岗位是不是足够匹配。

目前，引入该类智能产品的公司已经变得越来越多，例如，沃尔玛、亚马逊等，而这些公司的主要目的则是，让人事工作可以更加高效、简单。正是因为如此，很多人都认为，未来，人事工作将会消失，大多数 HR 也会面临失业的风险。

实际上，这样的看法是有失偏颇的，并且通过上述案例也可以知道，人工智能并没有让人事工作消失，而是让其朝着更加高级的方向转变。

因此，无论是 HR，还是其他领域的工作人员，都应该知道，短期内，人工智能的出现会在一定程度上造成社会的"阵痛"，人类也很难阻挡某些领域中的失业浪潮。不过，如果从长远来看，大多数情况下，与人工智能一同而来的，还有更多的就业机会及更加高级的工作形式，例如，黄包车夫变成汽车司机、马车制造商变成汽车制造商等。

这种转变并不意味着大规模失业，而是社会结构、经济秩序的重新调整，在此基础上，传统的工作形式会转变为新的工作形式，从而使生产力得到进一步解放、人类生活水平得到进一步提升。

10.1.2 哪些职业容易被人工智能取代

在看美国科幻大片时，我们经常会被其中的机器人震惊到，这些机器人似乎拥有着非常强大的"超能力"，以至于可以担负起很多复杂的工作。而如果回到现实生活中，我们也可以发现，很多职业都正在甚至已经被人工智能取代。经过仔细的搜集和考证，最容易，也最有可能被人工智能取代的职业应该有以下 3 类，如图 10-1 所示。

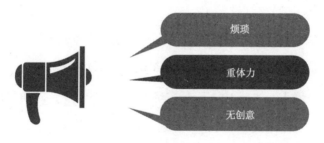

图 10-1　容易被人工智能取代的 3 类职业

1．烦琐

通常来讲，会计、金融顾问等金融领域的从业者都需要做烦琐的工作。以会计为例，他们不仅需要拟定经济计划、业务计划，还需要制定财务报表、计算和发放薪酬、缴纳各项税款等。而且如果在这个过程中出现失误，无论是会计，还是公司都要遭受损失。

然而，自从人工智能出现以后，这样的情况就有了明显改善。由长沙捷柯诗信息科技有限公司研发的会计机器人在长沙智能制造研究总院——2025 智造工厂正式诞生。随后，湖南默默云物联技术有限公司对该会计机器人进行了测试。

首先，湖南默默云物联技术有限公司的经理王晓辉接受了近 20 分钟的会计操作流程培训；其次，他又花费了 15 分钟将发票、薪酬发放等流水逐一录入会计机器人中；再次，会计机器人自动生成了结账、记账凭证、计提、资产负债表、利润表、会计账簿、国地税申报表等诸多数据和报表；最后，长沙智能制造研究总院的财务总监对这些数据和报表进行了逐一核对，结果发现准确率达到了 100%，而且完全符合相关法律规定。

通过上述案例可以知道，会计机器人已经可以完成大量的会计工作，而这也就意味着，如果不及时做好能力提升，会计很有可能会被人工智能代替。

2. 重体力

提起重体力的职业，很多人想到的应该是保姆、快递员、服务员、工人。如今，这 4 个职业也正面临着被人工智能取代的风险。下面以快递员为例对此进行说明。

京东配送机器人（如图 10-2 所示）穿梭在道路中间，除了可以自主规避车辆及行人，顺利将快递送到目的地以外，还可以通过京东 App、短信等方式向客户传达快递即将送到的消息。而客户只需要输入提货码，即可打开京东配送机器人的快递仓，成功取走自己的快递。

图 10-2　京东配送机器人

京东配送机器人可以完成快递员的工作。当然，也有一些智能产品可以完成服务员和工人的工作。这也就表示，未来，需要做重体力工作的职业很容易被人工智能取代。

3．无创意

并不是每一种职业都需要创意，例如，司机、客服等。自从人工智能出现以后，这些不需要创意的职业便遭受了很大威胁，下面以客服为例进行说明。

对于客服来说，智能客服机器人无疑是一个巨大的挑战。一方面，智能客服机器人可以精准地判断出客户的问题，并给出合适的解决方案；另一方面，如果遇到需要人工解答的问题，智能客服机器人还可以通过切换模式，辅助人类客服进行回复。

从目前的情况来看，智能客服机器人已经在国内外多家公司获得了有效应用，例如，酷派商城、阿里巴巴、360 商城、巨人游戏、京东、唯品会、亚马逊等。可以预见，当智能客服机器人越来越先进，数量也越来越多时，客服很有可能会被取代。

实际上，如果对上述内容进行总结并不难发现，容易被人工智能取代的职业主要有会计、金融顾问、保姆、快递员、服务员、工人、司机、客服等。而这些职业的特征则是烦琐、重体力、无创意。这就表示，这些职业的从业者必须做好应对人工智能的准备，以防止自己哪一天会被人工智能取代。

10.1.3　越来越多的就业机会

随着人工智能的不断进步和发展，一些新兴的行业一定会出现，而与之配套的，还有一大批新的就业机会。正如互联网兴起之前，根本没有很多可供人们选择的职业，而在互联网兴起之后，程序员、配送员、产品经理、网店客服等新兴职业也随之一同出现。

可见，我们不能片面地认为人工智能出现之后就一定会有旧事物被残忍淘汰，事实上更多的应该是人工智能与旧事物的结合。这也就意味着，之前的人力可以随着学习和训练，逐渐适应并掌握人工智能时代，从而转移到新的行业当中。

在科技趋于完善、生产力大幅度提升的影响下，职业的划分已经变得越来越细化。与此同时，就业机会也会变得越来越多。另外，人工智能的发展方向应该是"协同"人力，而不是"取代"人力，而大部分已经应用了人工智能的公司的确都是这样做的，下面以京东为例进行详细说明。

京东曾经成立了一个无人机飞行服务中心，需要招聘大量的无人机飞服师。这一职位的门槛其实并不是很高，只要经过了系统培训，那些没有多少文化基础的普通人也可以胜任。

另外，值得一提的是，京东的无人机飞行服务中心是中国首个大型无人机人才培养和输送基地，对于无人机行业而言，这是一个特别大的突破。基于此，无人机在物流领域的应用率将会越来越高，整个社会的物流效率也将会有大幅度提升。在这种情况下，新的就业机会又会不断出现。

可见，仅仅是一个非常普通的无人机，就可以衍生出一系列配套设施，以及大量的人力需求。因此，人工智能出现以后，虽然原有职位的需求会有一定减少，但新职位的需求却会大量增加。而且，这些新职位不只是包括研发、设计等高门槛类的工作，同时还包括维修、调试、操作等低门槛类的工作。

这也就在一定程度上表示，无论是什么样的人，之前从事过什么样的工作，将来都可以找到一个合适的职业，并不会因为学历不够而没有工作机会。通常来讲，一个行业的职业结构应该是金字塔型的，除了需要位于塔顶的高精尖人才外，还需要位于塔底的普通工作人员。只有这样，才可以保证行业生态的健康和完整。

10.2 人工智能促进工作创新

自从 Alpha Go 三连胜围棋天才柯洁以后，人工智能就被神化到了一个相当的高度，越来越多的人相信，人工智能将取代大部分工作，从而导致大量失业。但前面已经说过，人工智能还是可以与工作和平共处，例如，采购工作、财务工作就受到了人工智能的优待。

10.2.1 智能采购：与供销完美结合

通常情况下，采购工作可以分为两个部分，一个是战略采购；另一个是运营采购。其中，运营采购非常注重采购人员的执行力，而战略采购则十分重视采购人员的决策能力。下面来重点说一说战略采购。战略采购一共涉及 4 个环节，如图 10-3 所示。

图 10-3 战略采购的 4 个环节

在上述 4 个环节当中，最重要的两个环节是原料的筛选和产品的询价。随着人工智能的不断完善和进步，借助知识图谱技术及机器学习，人工智能已经可以深度介入这两个环节。

在知识图谱基础上，人工智能可以智能筛选物美价廉的原料，以实现筛选成本的最低化。在商业谈判算法的基础上，人工智能还可以帮助公司在询价环节做到知己知彼，避免上当受骗。总之，借助人工智能，战略采购将逐渐走向智能化，同时将会融"智能筛选、审核、询价、签单"于一体。

京东旗下有一个电商化采购平台，该平台可以将烦琐的采购工作变得更加简单、透明、智能，而且还可以轻松打通产业链上、下游之间的信息联系。未来，人工智能肯定能够实现采购与供销的完美结合。

另外，基于对云计算、深度学习、区块链等人工智能的熟练应用，京东的开发团队已经建立了大数据采购平台及采购数据分析平台。其中，借助智能推荐，大数据采购平台可以主动分析用户喜好，从而挑选出符合用户要求的原材。不仅如此，京东还在不断进行技术的研发与创新，目的是希望打造一个更具效率的采购平台。

京东的这些平台为采购方式的转变、采购路径的优化，提供了极大的便利，促进了营销管理效率和客户服务质量的提升，使公司的经营管理模式变得更加人性化、科学化、民主化。由此可见，人工智能可以对采购工作产生积极影响。

10.2.2 智能财务：不断加强财务管理

如果要与国家经济发展战略相适应，公司的财务管理必须积极转型，争取获得创新发展。为此，"用友云"正式发布并上线运营了"用友财务云"。"用友财务云"可以为公司提供各种各样的智能云服务，同时也可以指导和帮助公司实现财务转型。

引入了"用友财务云"以后，公司的财务管理流程就会变得越来越规范，也越来越高效。与此同时，公司财务管理的成本和风险也会大幅度降低，从而进一步提升公司财务管理工作的整体质量。

"用友财务云"为公司提供的基础服务包括两项，一项是财务报账；另一项是财务核算。而这两项服务的承载平台分别为"友报账""友账表"。

其中，"友报账"不仅是一个智能报账服务平台，同时也是一个公司财务数据采集终端。而且，除了财务人员以外，公司中的其他工作人员也可以使用"友报账"。这也就表示，"友报账"可以对公司资源进行整合，并为公司工作人员提供端到端的一站式互联网服务。

与"友报账"不同的是，"友账表"是一个智能核算服务平台，可以为公司提供多项服务。例如，财务核算、财务报表、财务分析、电子归档、监管报送等，而且这些服务还都是自动且实时的。

除了财务报账、财务核算这类的基础服务以外，智能税控对公司来说也非常重要。在这方面，"智能税控 POS"是经典案例。它是由商米科技、数族科技、百望金赋三方强强联合，共同推出的一个开票机器。其作用主要包括以下几点：

（1）解决公司经营管理相关环节痛点，尤其是越来越突出的开票痛点；

（2）简化开票流程，实现真正意义上的支付即开票、订单即开票；

（3）提升开票的效率。

"智能税控 POS"是以互联网和云计算为基础的，集"单、人、钱、票、配"全流程运营能力为一体的开票工具。除了收单以外，它更是一个可以直接管理发票的 POS 机，同时还可以提供一站式增值服务，例如，收银、会员、金融、排队等，从而大幅度提升开票体验。

未来，还会有更多像"用友财务云""智能税控 POS"这样的案例成功落地，并在公司中得到有效应用。而这些案例也都是人工智能赋能公司财务工作的最佳体现，将会在公司发挥非常重要的作用。

10.2.3 智能程序设计：码农需要迎合时代

很多人认为，码农（程序设计人员）这一职业是不会被人工智能取代的。如今看来，部分码农似乎已经可以编一段代码帮自己写程序了。针对这一情况，真不知道是应该为他们感到高兴，还是悲哀。早在 2017 年，世界上第一个可以自动生成完整软件的智能机器人就已经诞生，这个智能机器人还有专属于自己的名字——"AI Programmer"。

由于"AI Programmer"的工作基础是遗传算法和图灵完备语言，因此可以完成各种类型的工作。当然，"AI Programmer"也存在或多或少的局限性，其中最突出的是不适用于 ML 编程。对此，相关专家表示"在考虑 ML 驱动程序生成的未来时，我们需要放弃和重新考虑典型程序语言创建的方法。"

从目前的情况来看，"AI Programmer"还处在初级阶段，虽然可以对低级码农造成冲击，但仍然无法撼动中高级码农的地位。这也从一个侧面反映出，如果将来人工智能可以实现自动编程，那低级码农就要做好被裁的准备。

最后，必须强调的是，这并不是危言耸听，而是在大趋势基础上做出的精准推测。因此，为了让自己在冲击中成功生存下来，码农们，尤其是低级码农们就必须做一些努力，这里所说的努力主要包括以下 3 个方面，如图 10-4 所示。

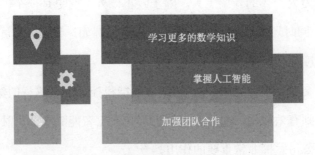

图 10-4　码农们必须做的一些努力

1. 学习更多的数学知识

在大多数码农看来，在编程的过程中，根本用不上太多数学和英语方面的知识，只要拥有正常的逻辑思维就可以。于是，他们开始天天拼命敲代码，而且是想到什么敲什么，即使这样，那些代码也还是能够在机器上运行起来。

不过，随着对这一行业的深入接触，缺乏数学知识的码农就会变得越来越力不从心。例如，在为 directx 游戏编程时，必须了解线性代数和空间几何；当开始研究手势识别，接触图像识别领域时，又必须了解概率论。所以，对于想要逆袭的码农来说，学习数学知识是首要步骤。

2. 掌握人工智能

俗话说："从哪里跌倒，就要从哪里爬起来。"既然是人工智能带来的冲击，那要想顺利度过，码农就必须掌握一些这方面的技巧和经验。在这一过程中，基本的 3 个环节应该是入门机器学习算法、尝试用代码实现算法、实现功能完整的模型。只有完成这 3 个环节，码农们才有可能成功逆袭。

3. 加强团队合作

通常情况下，只要是开发类的工作，那就需要整个团队一起做。如果是一个人单独做，那工作可能永远都不能完成，或者是即使完成了，质量也非常差。而码农所做的工作就属于开发类，因此学会团队合作也是实现逆袭的一个必要条件。

对于想保住饭碗的码农来说，必须不断充实自己，提升自己的能力。虽然这个过程比较困难，也充满了挑战，但是只要坚持下来，获得的回报也将十分丰厚。

10.3 被人工智能影响的劳动者

如今，工作越来越多地依赖于人工智能和智能工具。久而久之，广大劳动者也会被人工智能影响，例如客服从业者、设计师、HR 等。

10.3.1 重新定义客服从业者

作为业务流程中的一个关键环节，客服无疑会对公司的形象产生深刻影响。因此，越来越多的公司开始重视人工智能与客服的融合。这样不仅可以提升消费者对公司的好感和认可度，还可以增强公司在行业中的声誉和影响力。

美国电商巨头 eBay 就推出了 ShopBot。在 ShopBot 的助力下，消费者可以用最短的时间找到自己想要的，同时也最实惠的产品。自从 ShopBot 被正式推出以后，消费者便可以在 eBay 上获得更加优质的消费体验。

ShopBot 是以 Meta（原 Facebook）的聊天机器人平台为基础开发出来的，现在已经正式投入使用。在使用 ShopBot 时，消费者可以登录自己的账号，也可以在 Meta（原 Facebook）Messenger 内搜索"eBay ShopBot"。具体的使用方法如下。

进入 ShopBot 界面以后，消费者可以通过语音的方式说："我正在寻找一个 80 美元以下的 Herschel 品牌的黑色书包。"说完以后，就会出现一个或一些符合条件的书包。这样的话，消费者就可以非常简单、快速地找到自己想要购买的产品。

其实，ShopBot 的推出也在一定程度上表示，eBay 非常关注自然语言处理、计算机视觉等与人工智能息息相关的技术。为此，eBay 收购了以色列计算机视觉公司 Corrigon，主要目的是摆脱对人工的过度依赖，实现产品照片分类的自动化和智能化。

不仅如此，eBay 还收购了机器学习团队 ExpertMaker、数据分析公司 SalesPredict。借助这一系列的收购，eBay 的自动化和智能化已经获得了非常迅猛的发展。这不仅有利于提升消费者在 eBay 的购物体验，还有利于优化 eBay 的服务质量和服务效果。

10.3.2 设计师需要不断提升创造力

之前一个名叫"鲁班"的人工智能机器人设计了 4 亿张宣传海报。要知道，如果这些宣传海报全由人类设计师设计的话，需要花费约 300 年的时间。而"鲁班"只用了一天的时间就设计并了制作 4 亿张宣传海报，甚至没有一张是完全一样的。

因为"鲁班"的出现，人工智能能否完成设计工作就成为争论的焦点。其实设计师如果不想也不愿意花太多时间和精力去洞悉客户需求，那他就很可能会遭受到人工智能的威胁。因为他的工作还停留在数量这一浅显层面，只要通过一定的时间累积就可以完成。

当然，最近这些年，专门为设计师研发的设计软件层出不穷，美其名曰：可以在解放生产力的同时提高设计效率。而这也引起了设计师的担忧，因为设计软件只需要拖拽几个模板，然后再将其组合在一起，就可以生成一份有模有样的设计，而且也可以直接交给客户。如果客户不满意的话，只要重复上面的步骤，就又可以生成另一份设计。

不过，必须承认的是，这样搭积木式的设计方式虽然可以使效率得到大幅度提高，但设计师本身的价值却无法体现出来。从本质上来讲，设计其实是一个发现问题、分析问题、解决问题的过程，而不是最终呈现的一个作品。

一个优秀的设计师，应该与自己的客户进行深度沟通，并在此基础上提供一份理想的设计方案,而这个设计方案要能够体现客户自身的独特品质。除此以外,一份优秀的设计方案还要有自主意识,而不能只是通过对模板进行拖曳敷衍了事。

对于人工智能而言,其中的人文体验是一个极大的挑战,毕竟现阶段的人工智能还无法拥有人类的情感,而这也正是设计师所应该牢牢把握的一个突破点。

一方面,人工智能很有可能会取代那些重复性的工作;另一方面,人工智能其实也能起到辅助作用。例如,在人工智能助力下,90%左右的重复性机械工作都不需要由设计师亲自完成,既有利于工作量的大幅度减轻,又有利于工作效率的大幅度提高。在这种情况下,设计师就可以有更多的时间和精力,去做一些更有创造性和价值的工作。

可见,人工智能不仅不会让设计师失去价值,而且还会进一步激发设计师的创造力,所以,每一位设计师都应该积极拥抱人工智能,而不是将其拒之于千里之外。

10.3.3 调整 HR 的工作流程

HR 每天都要做各种各样的工作,在这种情况下,如果没有一个精简、合理的流程,就会浪费很多的时间和精力,从而对公司发展产生不良影响。而那些优秀的 HR,基本上都会有自己的一套工作流程,例如,什么时候应该做什么工作,哪些问题需要找领导确认等。因此,流程中的各项工作都可以在最短的时间内顺利完成,从而能大幅度提高效率,自己也更容易得到领导的认可和赏识。

说了那么多,究竟什么是流程呢?如果单纯从字面意思理解的话,流程其实是水流的路程。如果将含义进行延伸的话,则是指工作进行中的顺序和步骤的布置和安排。具体来说,在公司中,流程是为了完成操作性或执行性或系统性的某项工作,而制定的一个过程管控规范,例如,十分常见的招聘流程、培训流程、入职流程等。

不过，如果按照上面所举的例子来对工作流程进行规范，很可能会导致缺乏目标和偏移方向，同时还有可能出现强大动力变成巨大阻力的现象。因此，在流程管理学科中，流程被赋予了明确的概念：以规范化的构造端到端的卓越业务流程为中心，以持续地提高组织业务绩效为目的的系统化方法。总结起来就是，流程规范业务，并通过这种规范使业务绩效获得一定程度的提升。

这里必须注意的是，HR 在规划自己的流程时，需要以主业务流程为依托，同时还要以提升业务绩效为最终目标。应该知道，所有未能深入理解和钻研实际业务流程，而是单纯站在专业角度的 HR，很难提升自己的业务能力。

举一个非常简单的例子，如果一个公司为 HR 制定了非常严格的流程：周一和周二办入职相关事宜，周三和周四办离职相关事宜，周五进行统一培训，周六和周日在家休息。从 HR 角度来看，这的确使工作效率得到了很大提升，但对于业务绩效有可能是反向力。

在当下这个 AI 时代，流程的重要性已经越来越明显，而摆在 HR 面前的主要任务是建立一个可以提升业绩的流程。当然，这里所说的流程应该是自动化的，主要目的应该是迎合 AI 的自动化特征。

第**11**章

人工智能+教育场景：重塑教育形态

> 随着人工智能的发展，图像识别、语音识别等技术的应用范围也愈加广泛，在教育领域，人工智能也极大地影响了教育模式、教学场景等的发展。人工智能为教育的发展创造了新的机遇，使得传统教育能够在先进技术的支持下逐步变革。
>
> 在双方融合的趋势下，许多互联网公司或者教育公司都纷纷进行人工智能在教育领域的应用尝试，积极凭借自身力量推动教育事业的发展。

11.1 技术进步引发教育变革

技术的进步推动了教育行业的变革。从传统教育到数字教育再到智能教育，人工智能的助力功不可没。在人工智能、大数据、5G 等技术的推动下，学校的教学模式、校园管理的方方面面都会向着智能化的方向发展，智能教育也得以深化。

11.1.1 思考：教育的发展历程是什么样的

随着人工智能的发展，教育领域将会受到很大的冲击。人工智能将会应用于教育教学及管理的各个环节，智能教育也将会更加深刻、更加广泛地覆盖教育领域的方方面面。智能教育和此前的信息化教育有何不同？此前的教育信息化是教育手段的信息化，只是把教育过程中呈现、传输、记录的方式改成数字模式，并没有带来教育理念、体系和教学内容上的变化。而智能教育是指教育从教学理念、教学模式和内容等方面要有突破性的变革。

1．从传统教育到数字教育

传统教育重理论，轻实践；重知识灌输，轻思考。这与现代社会的发展是不相适应的。现代教育理念坚持以人为本、注重因材施教、注重学生的全面发展、注重教育内容的开放性等。

随着网络技术的普及，信息技术对社会发展的影响越来越大。信息化教育即数字教育，指的是在现代教育理念的指导下，运用各种新兴的信息技术，开发并合理配置教育资源，优化教学环节，以提高学生信息素养为目标的一种新的教育方式。

数字教育虽然提倡以学生为中心，但事实上还是以教师为主导来进行多媒体辅助教学、远程教学等。总之，数字教育只是对教育的某一环节进行了数字化，只是给教学提供了一些先进的技术手段，在一定程度上提高了教学的质量与效率。但这仍为人工智能进入教育领域打下了基础，使人工智能进入教育领域有了切入点。

2．从数字教育到智能教育

智能教育的目的是培养具有较强思维能力及创造能力的人才。相对于数字教育各种信息技术在教育领域中的应用，智能教育可以说是对数字教育系统的升级。智能教育将依托 5G、大数据、云计算、VR、AR 等先进技术，实现完整的信息生态环境。智能教育将通过移动端、个性化学习支持系统等实现以学生为中心的泛在学习。

智能教育除了要与先进技术相结合之外，更需要教育体制的优化和教育理念的进步。这就对当下的教育理念和教育模式提出了要求。

一是要求教师从知识传授者转变为学生知识的提供者和辅助者，学生也应发生态度上的转变，以积极主动的心态来进行自主学习。

二是教学要从机械地强化训练转变到重视活动的设计与引导，并适时进行评价，以对学习活动进行干预而达到更好的学习效果。

三是要支持多种学习方式的混合。

四是重视及时反馈与评价。借助技术获取教育过程中的数据，依据精确的数据对问题精准定位，使评价由经验主义向数据支持转变。

智能教育在各种技术的支持下会获得更好的发展，覆盖教育过程中的更多环节，同时也会覆盖更多的地区。同时，智能教育的推广也会推动教育理念及教育模式的变革，使师生得到更好的教学与学习体验。

11.1.2 人工智能如何变革教育

目前，大数据和人工智能在各行各业都有所应用，自然也包括教育行业。在大数据和人工智能的支持下，教育行业的许多应用已经进入深水期，教学模式正在逐渐发生改变。从教学过程来看，以大数据技术为依托的人工智能系统可以使教育在授课、学习、考评、管理等方面都能变得多样化，如图 11-1 所示。

图 11-1 人工智能系统在教学中的表现

1. 授课

人工智能系统能够实现自适应教育及个性化教学。在教学方式方面，教师拥有了更为多样的教学手段，上课时不再只依靠一本教科书，而是可以调取大量优质教学资源，以多种形式展现给学生。同时，VR、AR、大数据与人工智能系统的结合，能够很好地还原教学场景，让学生爱上学习，学习效果也能有质的飞跃。

2. 学习

在学习过程中，学生可利用大数据技术根据知识点的关系制作知识图谱，从而制定学习计划。同时，数据分析技术可以分析学生的学习水平，并建立与之相匹配的学习计划，并由人工智能系统为学生提供个性化的辅导，以帮助学生高效学习。

图像识别技术也可以提高学生的学习效率。学生可以通过手机拍摄教材或作业内容上传至系统，人工智能系统可以分析照片和文本，并显示出对应的要点与难点。这样的学习流程为学生的自主学习提供了更多可能性。

3. 考评

有了智能考评系统，教师只需将试卷批量进行扫描，系统就可以实时统计并显示已扫描试卷的试卷份数、平均分、最高分和最集中的错题及其对应的知识点，这些信息方便教师对考试情况进行全面、实时的分析。即便是对几十万、几百万份试卷进行分析，系统也能通过图文识别和文本检索技术快速检查试卷，提取、标注出存在问题的试卷，实现智能测评。

4. 管理

如果说学生大多关注"学"的部分，那么学校则需要在教学之外充分分析教育行为数据，以便做好管理工作。利用人工智能系统，充分考虑教务处、学生处、校务处等部门的管理需求，学校可进一步收集、记录、分析教育行为数据，更全面地了解教学的真实形态。

目前，一些学校已经建立了学生画像、学生行为预警、学生综合数据检索等体系，以便更好地分析学生在专业学习上的潜能，从而为学生提供个性化的管理方案。

大数据、人工智能在教育领域的应用才刚刚起步，未来，以大数据为依托的人工智能可以实现教育个性化，使因材施教、因人施教成为现实。

11.1.3 5G 时代，教育不断升级

5G 与人工智能的结合在推动人工智能发展的同时，也会推动人工智能在教育领域的应用，从而使智能教育获得突破式发展。5G 将打破当前教育领域的技术壁垒，推动教育行业的变革，5G 将与人工智能一起赋能教育，推动智能教育的发展和广泛应用。

5G 是能够为教育带来革命性影响的技术。随着 5G 时代的到来，其所提供的高传输速率、大宽带、低时延的优质网络，能够打破诸多难以实现的技术壁垒，主要表现在以下几个方面，如图 11-2 所示。

图 11-2　5G 打破教育领域壁垒的表现

1．教育体验

5G 带来的是传输速度、网络质量的革命，这会影响教育的体验性。5G 能够使直播等教学场景更加流畅，能够更好地实现师生之间的实时互动。同时，5G 也将推动虚拟现实技术的发展，这使得 AR、VR、MR、XR 在教育中的应用更加多元化。场景教学、模拟教学、真人陪练等使学生能够在极其逼真的虚拟环境中感受真实的学习场景。

2．教育数据互通

未来，5G 的普及使万物互联成为现实，教育领域的各种人工智能应用都将向着具备物联性的方向发展。万物互联能够使人工智能应用采集到大量的、复杂的数据，人工智能应用在经过大数据分析后，能够全面了解学生及教师的情况，使互动方式多样和深入。

3．解决人工智能瓶颈

人工智能发展的瓶颈在于智能机器人深度学习能力的提高。智能机器人应该具备深度学习能力，可以对数据进行筛选、整理及分析。然而，在现在这个信息大爆炸的时代，大量的数据处理对于智能机器人来说是十分困难的。5G 可以补齐制约人工智能发展的短板，提升智能机器人的学习能力和速度，推动人工智能的发展。

　　未来，人工智能有望依托 5G 实现教育大规模覆盖，满足学生的个性化教学要求。

11.2　人工智能与教育的奇妙"触碰"

　　现在我们总是可以听到人工智能时代下的教育创新，但对于如何创新、在哪些方面创新等问题并不是十分了解。为了改善这一情况，本节详细介绍了人工智能与教育之间的"触碰"，帮助大家深入了解智能教育的发展情况。

11.2.1　加强教学管理，打造现代化课堂

　　借助 5G、大数据和人工智能等技术，智能教学系统能够实现对课堂、学生学习等的智能分析和可视化管理，主要表现在以下 6 个方面，如图 11-3 所示。

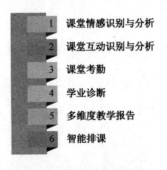

图 11-3　可视化管理的表现

1．课堂情感识别与分析

　　智能教学系统能够通过人工智能从学生课堂视频数据中分析课堂情感占比，分析学生情感变化，并得出科学的统计与分析数据。教师通过这些数据可以了解

自己授课内容对学生的吸引力，并且能够了解学生的学习状态，从而调整教学进度和教学方法，提高教学效率。

2. 课堂互动识别与分析

利用语音识别技术，智能教学系统能够收集教师授课过程中师生互动的数据，记录学生的发言和教师的授课内容。通过对记录数据的分析，智能教学系统能够提取互动的关键词，并对其进行标记，能够提取出活跃课堂氛围的正面词汇。这些关键词汇能够帮助教师提高课堂互动效果，提升学生学习效率。

3. 课堂考勤

智能教学系统通过面部识别等技术，可以智能记录学生考勤。而智能教学系统能够对学生进行面部识别，统计课堂的出勤率，面部识别记录考勤的方式节省了教师上课的时间，也提高了学生的出勤率。

4. 学业诊断

依托人工智能，智能教学系统利用线上线下相结合的测试方法，能够得出每个学生的评测结果、学业报告和独特的提升计划。同时，系统能够针对不同学生的不同需求准确推送学习资源，从而实现因材施教，帮助教师全面督导学生学习。

5. 多维度教学报告

智能教学系统能够针对不同群体类型，如教师、家长、学生等总结出多维度教学或学生成长报告。报告的内容并不是固定的，智能教学系统能够提供灵活、可定制的数据分析方向，满足不同群体的分析需求，同时对学生历史数据进行分析，形成学生的个性化成长档案。

6. 智能排课

智能教学系统能够利用人工智能分析出最优排课组合，整合传统排课和分层走班排课。同时，智能教学系统还能够结合学生的历史成绩、兴趣爱好等信息和教师的教学数据来智能排课。

通过以上几个方面的可视化管理，智能教学系统能够搜集学生上课及学习过程中方方面面的数据，并以此得出科学的报告和实现智能排课等。同时，智能教学系统所提供的数据还可为教师的教学决策提供辅助参考。

11.2.2 教师的角色发生巨大改变

在智能教育时代，教育环境全方位的变化对传统教师提出了诸多方面的挑战，传统教师角色的再造将是每一位传统教师必须经过的考验。

即便有了更多先进技术的支持，未来教师也不会很轻松。尽管人工智能系统能够为教师提供全面的、科学的统计及分析数据，甚至能够自动生成智能化的解决方案，但教师的任务并不只是传递知识，其更多的职责变成了指导学生的整体发展规划。

在未来教学的需求之下，教师的角色再造主要表现在以下几个方面，如图 11-4 所示。

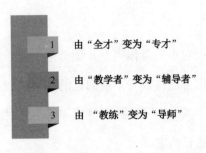

1　由"全才"变为"专才"

2　由"教学者"变为"辅导者"

3　由"教练"变为"导师"

图 11-4　传统教师角色再造的表现

1. 由"全才"变为"专才"

在智能教育时代，学生的个性化需求更加鲜明，教学课程也更加开放。教师不再需要作为单独的个体完成所有教学任务，而会有教学团队全面支持其完成教学。教学团队中有专注于课程设计的专家，有负责教学指导的班主任，有设计实践课程的工程实验教师等。

同时，数据分析师、学业指导教师等新兴的教师类型也加入了教师团队中。教师团队是多元化的，每个人的工作都有明确的分工。分化的工作将增强传统教师的专业化素养，从而提升其工作的效率和质量。

2. 由"教学者"变为"辅导者"

传统教师角色再造的第二方面的表现为传统教师从"教学者"转变成"辅导者"。教师不再是单向地向学生灌输知识，而是更注重对学生的辅助引导。

一方面，以往的教学模式中，学生接受的知识都是统一固定的，没有体现学生的意志。未来的教师将不只是传递知识，而更多的是帮助学生去发现自己的学习兴趣，培养他们自主学习的能力。教师不再是传统课堂的中心，而成为学生学习过程中的辅助者。

另一方面，随着各种技术在教学中的应用，教学方式也变得多样，抽象化思维与具象化现实的结合将带给学生更加新奇的学习体验。VR 与教育的结合将极大地创新教学场景，教师不再是知识的输出者，而是一个知识世界的引导者，引导学生去探索知识。

3. 由"教练"变为"导师"

随着技术的发展，与更多技术结合的、更加先进的人工智能能够更好地完成授课和学习指导的工作，这使得教师能够把更多的时间和精力放在学生的心理成长和综合素质的提高等方面，成为指导学生未来发展、给予学生精神激励的导师。

总之，随着人工智能等技术在教育领域应用的逐渐成熟，传统教师的角色将会被再造。教师的分工将会更加细致，同时教师在工作中的专业性也越来越强，在技术的支持下，教师能够成为教学授课的辅助者、学生学习的引导者，关注学生的心理成长和个性化发展。

11.2.3 用人脸识别技术"看透"学生

作为当下时代的风口，"人工智能+教育"正迅速席卷整个教育领域。在这期间，人脸识别日益火热，引起了极为广泛的讨论。通过人脸识别，学生在课堂上的表情可以被抓取到，教师可以借此分析其注意力，帮助其更好地学习。如今，有些教育机构在对这项技术进行研究，致力于加速其商业化进程，学而思培优便是其中的一员。

在传统的教室中，教学过程无法被清晰地展示出来。也正是因为如此，教师既不能对教学过程进行科学分析，也很难为学生提供个性化的教学体验。不过，人工智能可以让图像、语音、文字等数据被很好地识别出来，并形成一个数据汇集平台。学而思培优的"魔镜系统"就是在此基础上的一个教育应用。

"魔镜系统"可以提供多个功能，例如，师生风格匹配、教师授课评价等。当然，最重要的还是学生听课质量反馈。借助人脸识别，"魔镜系统"可以捕捉学生上课时的情绪（例如，快乐、愤怒、悲伤、平静等），以及行为（例如，听课、举手、点头、摇头、做练习等）。

同时，"魔镜系统"还可以据此生成专属于每一个学生的学习报告，这个学习报告不仅可以用于帮助教师更好地掌握学生动态，及时调整教学的节奏和方式，还可以给予每一个学生充分关注。

为了打造真正的智慧教室，学而思培优还成立了 AI Lab，并先后与多家知名院校，例如，斯坦福大学、清华大学等达成合作，共同探索人工智能在教育领域的应用。

11.2.4 松鼠 AI：个性化的 1+1 辅导模式

生活水平提高促使家长更重视孩子的教育，希望孩子的学习成绩可以有更大提高。人工智能在教育领域的应用让家长的心愿成为现实，松鼠 AI 的出现则让家长看到了个性化线上教育的可能性。松鼠 AI 通过人工智能、大数据等技术，为每个学生绘制专属用户画像，并据此为其设计学习体验策略，巩固其知识结构，培养其良好的学习习惯。

在新冠肺炎疫情防控期间，松鼠 AI 推出"真人教师+人工智能"1+1 辅导模式，制定明确的个性化学习方案，根据相关学习数据了解学生对知识点的掌握情况，为学生进行测评定位，以及课程、练习题的匹配推荐，让学生能够将每个知识点牢牢掌握，如图 11-5 所示。

公司要想在智能教育领域占据优势地位，就必须让自己有独特的竞争力。松鼠 AI 以线上教育为发力点，做到了因材施教，根据不同学生的不同性格制定个性化学习方案。例如，有些学生喜欢轻松、活泼的讲课方式；有些学生喜欢专业、严谨的讲课方式。松鼠 AI 会根据学生的偏好为他们推荐合适的教师。此外，松鼠 AI 还会通过学生的知识掌握情况和学习目标，为他们规划学习难度和学习顺序，确保他们不会丧失信心和斗志。

为了让教学系统更适应孩子的学习需求，松鼠 AI 不断提升算法的优越性。目前，国内超 2 700 家学习中心都已经开始使用松鼠 AI 智适应教学系统，为社会发展提供了更多人才打好基础。

图 11-5　松鼠 AI 的个性化服务宣传图

第**12**章

人工智能+营销场景：消费升级的结果

在营销方面，很多公司都在寻找适合自己的营销战略，而在人工智能迅速发展的当下，越来越多的公司将人工智能技术应用到公司营销中。传统营销已经不能满足公司和消费者的需要，借助人工智能技术发展营销已是大势所趋。

12.1 人工智能为营销带来可喜变化

随着技术的发展，人工智能在营销方面的应用范围正在逐渐扩大。目前，人工智能使营销发生了巨大变革，例如，从 H5 广告进阶到 App 广告、内容营销成为"香饽饽"等。这些都可以进一步优化消费体验，让用户更好地了解品牌。

12.1.1 广告进阶：从 H5 广告到 App 广告

H5 广告是一种数字广告，其传播途径非常广泛，包括手机、iPad、电脑、智能电视等。总之，所有的移动平台都可以成为 H5 广告的入口。H5 广告刚刚上线时，虽然没有触及太多的用户，但是依然在营销领域掀起了不小的风浪。

　　如今，在人工智能、5G、物联网等技术的推动下，奇迹开始发生，H5 广告的地位一路攀升，大有代替 App 广告的势头。5G 的超强数据传输能力和超流畅播放能力，使"一切在云端"成为现实，手机一旦不再需要存储能力，那么所有的 App 都不再是"App"，而是一条 H5 链接。App 推广场景里的"下载""激活"将不复存在。

　　与此同时，基于人工智能的人脸识别也日益成熟，未来绝大多数公司都会依赖人脸识别来帮助用户完成注册和登录。这也就意味着，在以 H5 广告为主要投放形式的公司中，也不再会出现"表单"注册这样的场景，用户可以更为直接、便捷地使用产品。

　　在人工智能出现以后，广告转化模型不再像之前那样有很深刻的研究意义，而公司无论是否愿意，都会被迫将关注点转移到广告展示前的用户行为分析上。可以说，人工智能将打破传统的广告转化逻辑，以 H5 互动场景为基础的广告转化将成为发展趋势。

　　除了人工智能以外，5G 也有很大作用。例如，给小程序带来重大升级，甚至会产生私有 App 模式。当然，私有 App 模式能否产生还是一个未知数，这个结果是由数据协议和 App 相关标准的发展来决定的，但是对于公司来说，这样的可能性不可以忽视。

　　技术普及的时代，很多场景都会频繁出现，例如，在海底捞等待位置时，可以进入海底捞的 App，在上面查询当前排队的实时情况和空闲位置额流转情况。这样的 App 还可以提供其他服务，例如，预先点菜、观察自己孩子在儿童区玩耍的实时影像等。

　　现在，H5 广告所具有的跨平台、轻应用等优势越来越突出，这也是为什么很多公司都要大力发展 H5 广告的一个重要原因。作为营销领域的新鲜血液，H5 广告兼具话题性和情感性，可以为公司带来创意上的突破，帮助公司在技术时代的市场竞争中取得成功。

12.1.2 AI 时代，内容营销成为"香饽饽"

最近几年，内容营销成为营销领域的"香饽饽"。相关数据显示，90% 以上的 B2B 公司使用了内容营销；85%以上的 B2C 公司也使用了内容营销。这些公司在内容营销上的平均花费占据了所有花费的 25%左右。

如今，人工智能让内容营销的效果变得更强，同时也变革了内容形式。例如，在视频类内容中，竖屏视频与 MG 动画成为主流，对公司的品牌推广和产品宣传产生极大影响。

1. 竖屏视频

从横屏视频到竖屏视频的过渡，也是从"权威教育"语境到"平等对话"语境的过渡。很多时候，竖屏视频不仅仅是广告，更是生活化的原生内容。而且在观看竖屏视频时，公司与用户之间的距离会更近，用户往往更容易卷入公司设定的情景之中。

此外，竖屏视频的视觉要更加聚焦，有利于突出卖点，抓住用户的注意力，从而把产品尽可能深入地传达给用户。可以说，竖屏视频有比较多的优势，所以作为营销的主体，各大公司必须掌握竖屏视频的几大玩法，具体如下。

（1）在之前的图文时代，广告通常以海报的形式出现，而到了如今的视频时代，宛如海报一般的竖屏视频也可以成为手机上的动态宣传工具。

（2）在竖屏视频中融入一些比较重要的信息，例如，广告语、产品介绍、售后服务、促销活动等，也是一个非常不错的玩法。

（3）如果把竖屏视频玩透以后，公司还可以使用一个全新的"套路"，即把竖屏视频做得像游戏一样，以闯关的形式来突出产品的某些优势和特性。

2. MG 动画

MG 动画可以直接翻译为图形动画，即通过点、线、字将一幅幅画面串联在一起。通常，MG 动画会出现在广告 MV、现场舞台屏幕等场景中，虽然它只是一个图形动画，但是却具有很强的艺术性和视觉美感。

不同于角色动画和剧情短片，MG 动画是一种全新的表达形式，可以随着内容和音乐同步变化，让观众在很短的时间内清楚去公司要展示的东西。人工智能和 5G 的出现让 MG 动画变得更加流畅、衔接，其传播力和表现力也增强了很多。

如今，在产品介绍、项目介绍、品牌推广等方面，MG 动画都可以发挥很大的作用，这也使得该内容形式十分受公司和用户的喜爱。因此，在进行营销时，公司可以找专业人员制作 MG 动画，以便更好地向用户展示产品的特性和优势。

竖屏视频和 MG 动画是营销领域的创新，这种与众不同的视角与玩法让公司更接地气，为公司创造了巨大的想象空间。

12.1.3 惊喜！驾驶室也可以为营销阵地

人工智能催生出自动化汽车，使人们的双手得以解放。当解放双手之后，人们就能够去做一些其他事情，这为公司进行营销提供了绝佳机会。在自动化汽车内，车载娱乐将十分丰富，驾驶室可以变成新的推广地点。

首先，在人工智能的助力下，人与汽车之间的交流将更加灵活、顺畅，同时用户与公司的互动也会更加方便。例如，公司的产品广告可以投映到汽车内的智能设备上，人们观看起来会更加清晰和方便。

其次，汽车内的超级影院具有十分完善的配置，强大的车载系统可以将车窗变成屏幕，让汽车变成一个舒适的观影空间。在这种情况下，公司就可以在车载系统中投放广告，使用户在观影的同时了解产品和品牌。

最后，汽车可以为用户提供舒适的环境，用户可以在驾驶室内小憩、利用智能设备购物、下棋、健身等。既然驾驶室内有购物的场景，那就存在营销的可能。

百度与现代汽车达成了车联网方面的合作，双方将携手打造搭载小度（百度智能机器人）车载 OS 的汽车，推进人工智能在汽车领域的应用。小度车载 OS包含液晶仪表盘、流媒体后视镜、大屏智能车机、小度车载机器人等 4 个方面的组件。

其中，小度车载机器人具有丰富的表情，能够识别用户的语音、手势、表情等，而且可以在听到用户的指令后为用户推荐附近的餐厅和酒店。可想而知，被小度车载机器人推荐的餐厅和酒店肯定会成为很多的用户的第一选择。

车载娱乐和车载机器人展现了未来的发展趋势，人工智能与 5G 等技术在汽车领域的应用，将加速汽车的自动化进程。以后，汽车将变身为"智能管家"，成为公司的营销场景，为公司的发展贡献力量。

车载娱乐的发展满足了公司扩大推广地点的需求，为公司的营销创造了更多可能性。现在拥有汽车的家庭越来越多，通过车载娱乐在驾驶室内做营销可以让公司的产品和品牌得到广泛传播，是人工智能潮流下不错的宣传策略。

12.2 实战应用：人工智能与营销的"火花"

对世界来说，变革是美好的，因为生产力获得了提升；但对于有些公司来说，变革很可能是一场灾难，因为一不留神就会从世界顶级的位置掉下来，最终成为跟随者、淘汰者。为了不让这样的灾难发生，很多公司都在积极探索，感受人工智能与营销的"火花"。

12.2.1 全息投影变身新时代的营销策略

全息投影的核心功能是虚拟成像，即利用干涉和衍射原理记载并再现物体真实的三维图画。借助全息投影，消费者即使不佩戴 3D 眼镜也可以感受到立体的产品，并从中获取"身临其境"的极致体验。尤其是在线上购物时，全息投影可以为消费者增加交流感，让消费者更全面、细致地看到产品的精彩设计。

目前，在营销领域，全息投影主要应用于广告宣传和发布会中的产品展示，这可以为消费者带来全新的感官体验。而人工智能的落地则可以将这种感官体验实时传递给不在现场的消费者，从而进一步扩大宣传的范围。

例如，某品牌推出了一款新汽车，并通过全息投影展示了汽车的设计，如图 12-1 所示。

图 12-1　汽车的全息投影图

由图 12-1 可见，全息投影生动地展现了这款汽车的特色之处，让其更加生动地出现在消费者的视野中。在相对黑暗的环境下，利用白色的线条勾勒着汽车的轮廓，使其形成相对立体的模型；不同形状的图案交叠在一起，也展现出了对于汽车细节的设计；明亮的颜色更是抓住了消费者的关注点。在消费者没有看到实物之前，甚至可以猜想它的样子。

汽车不仅仅是用来驾驶的，也是自身生活水平的体现。全息投影可以根据公司的需要，为产品量身打造从颜色、形状到表现形式都能符合消费者偏好的设计。这样的设计可以突出产品的亮点，使产品得到更多消费者的喜爱，公司也可以因此销售更多产品。

与传统的产品展示不同，基于全息投影的产品展示能够运用生动的表现方式，赢得消费者的喜爱。如果将全息投影应用于 T 台走秀中，还可以将模特的服装与走步刻画得十分美妙，让消费者体验虚拟与现实相融合的梦幻感觉。

此外，人工智能使全息投影的应用范围变得更加广泛，例如，商场与街头的橱窗中等。总而言之，人工智能打破了全息投影的空间限制，使消费者获得远程实时体验，公司也可以更好地向消费者展示产品，提升自身的竞争力和时代前沿性。

12.2.2　全域营销连通线上与线下

当公司面临着社会大环境、消费者群体、市场发展趋势的"三重变化"时，单一的营销模式已经不再适用，取而代之的应该是覆盖面更广的全域营销。也就是说，公司需要尝试技术与数据共同驱动下的战略，以便实现以消费者为中心的品牌宣传和产品推广。

从始至终，消费者都是营销的起点，全域营销十分重视公司和消费者之间的关系，这一点在人工智能时代表现得尤为明显。全域营销可以细分为四大板块，如图 12-2 所示。

图 12-2　全域营销的四大版块

1. 全链路

经典的消费者链路分为认知、兴趣、购买及忠诚 4 个维度。在解读全链路时，公司既要考虑消费者与品牌之间的关系，又要思考在营销上如何做出决策与行动。全域营销能够在一些关键性节点为公司提供工具型产品，帮助公司完成与消费者之间的一个行为闭环。

2. 全媒体

随着互联网的快速发展，移动传媒渠道受到了大众的高度重视。在这种情况下，报纸、电视、互联网、移动互联网共同构成了当前的主要传播渠道，简称全媒体传播渠道。

基于此，越来越多的公司希望建立起自己的全媒体传播渠道，如海尔就围绕着微信、微博等平台，建立起了自己的全媒体矩阵。"80 万蓝 V 总教头"的头衔虽然是戏称，但是也在另一方面证明海尔新媒体运营团队在建立全媒体传播渠道方面确实取得了好成绩。

3. 全数据

大数据时代，用户识别、用户服务、用户触达等都将实现数据化，数据以其自身巨大的价值，在全域营销中占据着非常重要的地位。数据可以带动业务的增长，也能更好地服务用户。人工智能在服务于公司内部时，可以使其实现真正意义上的数字化管理；在服务于用户时，能够保证服务的个性化和多元化。

公司想要全数据，就要注意将资讯系统与决策流程进行紧密结合，只有把握好这一关键点，才可以在最短的时间内回应用户的需求，从而做出可以立刻执行的合理决策。

4．全渠道

公司想要实现全渠道营销，需要把握 3 个关键点：保证线上线下同款同价，重视消费者的消费体验，打通全渠道数据。

对于消费者来说，无论是在线上，还是在线下，最重要的目的是能够愉快且高效地买到自己所需要的产品。因此，公司要想实现全渠道营销，就要不断优化消费者体验。另外，营销方面也应该从传统的标准化驱动，逐渐转变为个性化灵活定制。

打通线上线下店铺、社交自媒体内容平台、线上线下会员体系、线下线上营销数据是实现全渠道营销的关键步骤，将这一步骤完成好，可以让消费者感受到无缝化地跨渠道体验，从而加深消费者对公司的好感。

受到全域营销的影响，公司纷纷入局，致力于实现线上线下的互通，进行数字化变革。作为一项前沿技术，人工智能为公司和消费者构建了高度个性化的消费场景。如今，只有更智能的全域营销才可以满足消费者的需求，消费者的体验越好，公司的发展才越有动力。

12.2.3　VR 为消费者打造沉浸式体验

当 VR 从小众走向大众时，这项技术会渗透到制造业中。而当 VR 遇到营销时，这项技术又会以超强的虚拟体验冲击着用户的中枢神经。很明显，VR 正在势如破竹地改写着营销模式，具体可以从以下 3 个方面进行说明，如图 12-3 所示。

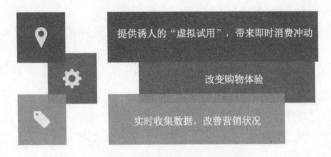

图 12-3 VR 如何改写营销模式

1. 提供诱人的"虚拟试用"，带来即时消费冲动

营销的本质是刺激用户的购买行为，但很多营销手段还不能实现这一点。如果能够借助 VR 营造虚拟体验，例如，向用户解释一些比较复杂的技术，直接远程参观产品的产地、生产线等，就能更有效地说服用户，进而促成交易。

亿滋国际利用 VR 为新进入中国市场的品牌妙卡打造了一个名为《失物招领》的暖心广告。该广告以虚拟的小镇阿尔卑斯 Lilaberg 为背景，致力于为观看的人创造舒适的感觉。所以观看结束以后，人们能够铭记这个广告，也愿意为里面的产品消费。

2. 改变购物体验

之前线上购物的退货率在 30%左右，服装更是占了其中的七成，色差、尺码不合适等问题困扰着买卖双方，而 VR 购物就可以解决这些痛点。通过对产品的 3D 渲染，VR 能最大限度地将真实情况呈现给用户，方便用户在短时间内直观地搜索所需产品，这可以极大地优化用户的消费体验。例如，我们在线上选购服装时，可以通过 VR 眼镜进行色彩的比较，这样就不会因为色差大而产生退货；还可以通过 VR 眼镜观看上身效果，判断尺码是否合适。

3．实时收集数据，改善营销状况

现在，使用 VR 购物的用户越来越多，借助如此巨大的用户群体，公司可以及时收集并分析相关数据，快速调整营销策略。例如，假设一项 VR 营销项目的效果并不理想，那么公司就可以根据反馈回来的数据，快速制定新的方案，以迎合用户的实际需求。

VR 能够为公司构造诸多的消费场景，例如，借助 VR，用户能够瞬间进入"客厅必买清单""旅行常备清单"及"家庭必备药物清单"等多元场景。由于场景精准，用户购买这些产品的概率也会增加许多。

为了让营销效果最大化，VR 要打开线上线下之间的隔阂，打造无缝连接的消费体验。只有这样，用户的消费体验才会更好，流量的互相传播转化作用也就更高。可以说，VR 的出现让营销有了无限可能性，一个全新的营销体系正在被建立。未来，任何领域的公司都可以找到适合自己的形式进行 VR 营销，实现真正的技术跨界。

12.3 案例盘点：一场关于创意的"盛宴"

人工智能和营销，这两个对于公司来说比较重要的概念的结合，会把未来的商业带向何方？试着想象一下，你和你的闺蜜一起走进一家门店，系统会自动引导你们关注适合自己风格的衣服。人工智能让这样的场景不再只存在于想象之中。作为行业内的佼佼者，淘宝、盒马鲜生都在加速"人工智能+营销"的落地，共同构成了智能营销矩阵。

12.3.1 淘宝：创新线下活动，做数字化营销

新零售是人工智能催生出来的一个新概念，其本质是线上线下融合。在新零售方面，淘宝可谓是当仁不让的先行者。例如，"新势力周""淘宝不打烊"等线上活动都与新零售息息相关，而基于人工智能的"闺蜜相打折"则是一个非常出色的线下活动。

"闺蜜相打折"吸引了众多消费者的参与和支持。通过具有面部识别功能的智能设备，有没有"闺蜜相"一测试就可以知道，这样的新型互动方式迅速掀起了一场影响全城的荷尔蒙风暴，打造出前所未有的立体营销。

在现场，消费者和同行的闺蜜只需要在智能设备前合影，该智能设备就可以根据二者面部相似度、微笑灿烂程度等指标给出一个"闺蜜相"分数（如图 12-4 所示）。不同的"闺蜜相"分数可以换取不同的优惠券，换取的优惠券可以在淘宝购物使用。

图 12-4 消费者正在获取"闺蜜相"分数

"闺蜜相打折"这样的线下活动是"快闪"时尚与人工智能的完美结合，是淘宝将 iFashion（淘宝的线上活动）融入消费者生活的一个创新玩法。通过"闺蜜

相打折"，淘宝可以贴近消费者，感受消费者，让消费者可以身临其境地去体验潮流趋势，感受产品优异质量。

在新零售时代，"闺蜜相打折"是一次全新的尝试，它不仅植入了新奇有趣的互动体验，激发消费者的积极性和热情，还将淘宝为生活增添色彩的理念融入产品之中，充分彰显了独特的时尚态度。

消费者永远不会停止对新鲜感的追求，如果公司只把重心放在线上活动，那么将很难在碎片化、同质化的时代取得成功。"闺蜜相打折"让消费者感受到了人工智能对新零售的加码，实现了技术与快闪模式的结合，为各大公司提供了借鉴和启发。

12.3.2 盒马鲜生：变革消费者的支付习惯

盒马鲜生是一家综合性的超市，但又不仅仅只是一家超市。它除了具有超市的职能以外，还可以充当餐饮店、菜市场等。为了适应线上线下融合发展，以及技术升级的市场趋势，盒马鲜生开创了新的战略——全面线上支付。

走进店内，工作人员就会指导以后安装"盒马鲜生"App，到该店消费首先要成为会员，其次必须通过 App 或支付宝支付，不能使用现金，这是盒马鲜生特色之一。

之前，很多法律专家都认为，盒马鲜生的这一方式并不符合相关法律规定，或多或少存在法律问题。不过，自从第一家盒马鲜生开设以来，虽然有不少用户都表达过不满，也出现了很多并不是那么正面的报道，但是政府并没有要求盒马鲜生立刻关门整改。这也在一定程度上表明，政府已经默许了盒马鲜生所提倡的全面线上支付模式。

对于盒马鲜生来说，这一模式也确实是有很多好处的，主要体现在以下几个方面。

（1）有利于收集到店用户及线上下单用户的消费数据。

（2）通过工作人员引导用户完成盒马鲜生 App、支付宝 App 的安装工作，这样一来，就可以把更多的线下用户吸引到线上，从而大幅度提升用户的消费黏性。

（3）有利于进一步打通支付宝收银系统、支付宝电子价签系统、物流配送系统三者之间的关系，从而使盒马鲜生的运营模式得以优化，实现真正意义上的商务电子化。

另外，在支付宝和 App 的助力下，盒马鲜生已经形成了自己的闭环。

（1）通过线上线下两种方式对相关消费数据进行更深层次的了解，从而形成多方面价值，例如，大数据、营销、广告等，当然，也可以填补 O2O 成本。

（2）用户可以在支付宝与盒马鲜生之间进行更加畅通的流动，这样一来，用户黏性和 O2O 闭环效应都可以得到大幅度提升。

盒马鲜生的全面线上支付其实就等于将所有线下用户变为会员，这样可以大幅度降低盒马鲜生的会员成本。此外，大多数公司都面临着信息孤岛和断点式客源数据的痛点，盒马鲜生这种全面线上支付的战略可以收集用户的消费数据，实现线下引流，刺激用户黏性，打通收银、价签及物流系统，进而有效消除痛点。

反侵权盗版声明

电子工业出版社依法对本作品享有专有出版权。任何未经权利人书面许可，复制、销售或通过信息网络传播本作品的行为；歪曲、篡改、剽窃本作品的行为，均违反《中华人民共和国著作权法》，其行为人应承担相应的民事责任和行政责任，构成犯罪的，将被依法追究刑事责任。

为了维护市场秩序，保护权利人的合法权益，我社将依法查处和打击侵权盗版的单位和个人。欢迎社会各界人士积极举报侵权盗版行为，本社将奖励举报有功人员，并保证举报人的信息不被泄露。

举报电话：（010）88254396；（010）88258888

传　　真：（010）88254397

E-mail：　dbqq@phei.com.cn

通信地址：北京市万寿路 173 信箱

　　　　　电子工业出版社总编办公室

邮　　编：100036